课题名称：提升辽宁"六地"红色文化影响力研究
编号：L22BDJ006

生态文明理论与实践探索

张琳琳　沈文静◎著

吉林出版集团股份有限公司
全国百佳图书出版单位

图书在版编目（CIP）数据

生态文明理论与实践探索 / 张琳琳, 沈文静著 .

长春 : 吉林出版集团股份有限公司 , 2024. 7. -- ISBN
978-7-5731-5496-5

Ⅰ . X321.2

中国国家版本馆 CIP 数据核字第 2024QP4494 号

生态文明理论与实践探索

SHENGTAI WENMING LILUN YU SHIJIAN TANSUO

著　　者　张琳琳　沈文静
责任编辑　宋巧玲
封面设计　张秋艳
开　　本　710mm×1000mm　　　1/16
字　　数　200 千
印　　张　10
版　　次　2025 年 1 月第 1 版
印　　次　2025 年 1 月第 1 次印刷
印　　刷　天津和萱印刷有限公司

出　　版　吉林出版集团股份有限公司
发　　行　吉林出版集团股份有限公司
地　　址　吉林省长春市福祉大路 5788 号
邮　　编　130000
电　　话　0431-81629968
邮　　箱　11915286@qq.com
书　　号　ISBN 978-7-5731-5496-5
定　　价　60.00 元

文明是人类积累下来的有利于认识和适应客观世界、符合人类精神追求、被绝大多数人认可和接受的人文精神、发明创造的总和。从历史发展看，人类是在自然演化的基础上通过劳动诞生的社会性存在物；从现实存在看，自然界是人类物质生活和精神生活的资料来源；从发展趋势看，只有实现人与自然的和谐发展，才能促进人的全面发展。中华民族自古以来就尊重自然、热爱自然、保护自然，崇尚天人合一、道法自然，追求人与自然的和谐相处。中华文明积淀了丰富的生态智慧，形成了科学的生态文明观念，为人类文明进步做出了重要贡献，在推动民族振兴、人民幸福、社会永续发展的过程中发挥了重要作用。

生态文明是人类文明的一种形式，也是人与自然和谐发展的一种文明形态，体现了尊重自然、爱护自然、顺应自然和人与自然和谐共生的现代文明理念。社会主义生态文明不是单纯的概念表述，而是我们党对人类文明发展规律的深刻认知，是经济社会演化发展的客观要求。

党的十八大以来，以习近平同志为核心的党中央站在经济发展、民族振兴、国家富强的战略高度，提出加强社会主义生态文明建设的重大战略决策。党的十八大把生态文明建设纳入中国特色社会主义事业"五位一体"总体布局中，十九大提出要建设人与自然和谐共生的现代化，建设富强民主文明和谐美丽的社会主义现代化强国。生态文明建设表现了中国特色社会主义的道路自信、理论自信、制度自信和文化自信，标志着我们党对人类社会发展规律和中国特色社会主义发展规律认识的进一步深化。党的二十大报告提出："必须牢固树立和践行绿水青山就是金山银山的理念，站在人与自然和谐共生的高度谋划发展。"这是立足我国进入全面建设社会主义现代化国家、实现第二个百年奋斗目标的新发展阶段，对谋划经济社会发展提出的新要求，我们要深刻把握生态文明建设这个关乎中华民族永续发展的根本大计，扎实推动绿色发展，促进人与自然和谐共生，共同建设美丽中国。

本书第一章为生态文明建设的理论基础，围绕着生态文明的内涵、生态文明的理论渊源、生态文明的本质与价值归宿、生态文明建设的价值取向、生态文明建设的重大意义这五个方面展开阐述；第二章为中国生态文明建设现状，主要论述了四个方面的内容，分别为我国自然资源与生态环境现状、发展与保护的关系探讨、我国发展的环境压力以及技术与机制方面的探索；第三章为中国生态文明建设的战略定位，主要针对"可持续发展"理念下的生态文明建设、"四个全面"战略布局下的生态文明建设、"五位一体"总体布局下的生态文明建设以及"美丽中国"生态目标下的生态文明建设进行详细的论述；第四章为中国生态文明建设的路径选择，主要围绕三个方面进行详细的阐释，分别为生态文明建设的实践形式、生态文明建设的体制保障以及生态文明建设的全球化合作；第五章为生态文明理论下的绿色发展实践探索，主要内容包括绿色发展概述、绿色发展的社会底蕴与民生取向、绿色发展与"绿水青山就是金山银山"以及绿色发展方式与绿色生活方式；第六章为生态文明理论下推动美丽中国建设，从三个方面展开详细的论述，分别为美丽中国建设的内涵与意义、美丽中国建设的体制与制度以及美丽中国建设的全民行动。

在撰写本书的过程中，作者参考了大量的学术文献，得到了许多专家、学者的帮助，在此表示真诚感谢。由于作者水平有限，书中难免有疏漏之处，希望广大同行和读者批评指正。

目　录

第一章 生态文明建设的理论基础

本章为生态文明建设的理论基础，围绕生态文明的内涵、生态文明的理论渊源、生态文明的本质与价值归宿、生态文明建设的价值取向、生态文明建设的重大意义五个方面的内容展开阐述。

第一节　生态文明的内涵

一、生态文明的本质内涵

生态文明，就是人类和自然的关系，就是人类的生存状态。依据"生态"的内涵、人的各种关系存在和生态文明的实践性，生态文明本应是一个"相互关系"和"存在状态"的概念，不同的关系具有不同的内涵。从广义上讲，生态文明的"生态"不仅指的是有机生命与无机环境之间的协调关系，还包括有机生命之间、有机生命个体与群体之间的协调关系。这些关系构成了一个相互依赖、相互促进、共同进步的有机整体，形成了独特的生态系统和生态平衡。从本质上看，生态文明是当代知识经济、生态经济和人力资本经济相互融通构成的整体性文明。它不仅是遵循自然规律、经济规律和社会发展规律的文明，更是遵循绿色科技生态应有的文明。这意味着，在生态文明的框架下，我们需要通过科技手段推动经济发展与环境保护的有机结合，实现绿色、低碳、循环、可持续的发展模式。生态文明还体现了"以人为本"的发展观，它不仅要求我们在经济社会发展中，充分考虑环境资源的承载能力和生态系统的可持续性，还要确保人人都能享受到经济社会发展带来的成果，提高公众的幸福指数。这种发展模式不仅有利于增进当代人的福祉，也充分考虑了后代人的生存与发展权益。除此之外，生态文明还蕴含着支撑其形态的价值体系和指引人们活动的思想观念。在这种思想观念的引导下，人们会更加自觉地关注环境问题，积极参与生态文明建设，推动社会向更加绿色、可持续的方向发展。具体来说，生态文明的内涵主要体现在以下几个方面：

（一）有机整体论世界观

自古以来，人类与自然之间的关系就呈现出一种复杂多变的形态。这种关系不仅是物质层面的利用和改造，更深层次的，它反映了人类对自身、对他人、对局部与整体、对元素与系统的态度，以及对眼前与未来的哲学思考。世界观是人们对整个宇宙、自然和人类社会的总的看法和根本观点。在这个宏观的框架中，自然扮演着至关重要的角色。人类如何理解和处理与自然的关系，直接体现了其对世界的基本看法和价值取向。生态文明重视自然的自生、再生和与环境共生，即"三生"。生态文明重视与他人和谐相处，即人类社会的和谐稳定。此外，生态文明还着眼于人类整体利益、长远利益和人类自身全面发展的"人—社会—自然"整体论世界观。主张从全局和长远的角度来思考和解决问题，不仅要关注当前的经济利益，还要关注未来的可持续发展和人类的全面进步。这要求我们在发展经济的同时，注重生态环境的保护和修复，推动经济、社会、环境的协调发展。在经济全球化的大背景下，人类社会更加紧密地结合在一起，形成了一个不可分割的有机整体。我们共同面对的问题，无论是环境污染、气候变化，还是贫富差距，都需要我们以全新的视角来审视和解决。为此，我们呼唤一种新的世界观，它应当是整体论的，关注人类的整体福祉。这种新的世界观应该是生态学上合理的，应该是长期的、综合性的，还应该是爱好和平的、人道的。我们必须转向一种全球性的视角，其中个人、社会以及地球本身均应受到应有的重视。换言之，我们需要从一种较低协同度的世界观演进为一种更高协同度的世界观。根据有机整体论的观点，世界以系统的形式存在，构成一个有机的整体。这个整体的性质并非各个组成部分性质的简单叠加，而是这些部分在系统中相互作用、相互关联而形成的一种独特的、整体性的性质。这种全球观念有助于我们更全面、更系统地理解世界，更好地促进个人、社会与地球的和谐共生。在由不同层级构成的有机体系中，每一层级的内容既是其上一层级的基本组成部分，同时也是其下一层级的系统。作为有机整体的系统，该系统与外部环境之间不断地进行物质、能量和信息的交流。通过系统内部复杂的非线性调整、演变和协同作用，该系统得以从无序状态逐渐转变为有序状态，从低级秩序发展到高级秩序，从失衡状态进化为平衡状态。生态文明扬弃人征服自然、统治自然的笛卡儿主客二分的传统机械观，确立有机整体论世界观，坚持人是大自然中的一个组成部分，人与自然相互作用、相互依赖、相互影响，协调发展、共生共荣。

（二）以人为本

"人与自然"全面协调发展的整体价值观一直是人类思考和探索的重要主题。在全球范围内，许多人将全球性生态危机的根源归咎于人类中心主义价值观。这种观点认为，只有摆脱人类中心主义的束缚，抛弃以人为中心的观念，对自然界的价值、权利及利益保持绝对的尊重和爱护，才能走出当前的生态困境。然而，也有人持不同看法。他们认为，人类中心主义在生态危机中的境遇并非简单的因果关系，而是复杂多元的因素交织在一起。因此，对于是否应该走入或走出"人类中心主义"的问题，人们的看法并不一致，这也因此引发了众多讨论。

在生态文明的理念中，人类是价值的中心，但并非自然的主宰，而是自然的一部分，我们的价值并非仅仅体现在对自然的征服和改造上，更在于如何与自然和谐共生，实现全面发展。生态文明强调人类的全面发展必须促进人与自然的和谐。这意味着我们不能仅仅关注自身的利益，而是要将视野扩大到整个生态系统，追求人类与自然的共同繁荣，强调全人类的利益高于任何局部利益和眼前利益。生态文明价值观是一种"人—自然—社会"系统的整体价值观和生态经济价值观，它强调人类的一切活动都要服从于系统的整体利益，坚持人与自然的和谐共生、协调发展。这种价值观的转变，将社会物质生产以人为中心的价值取向，转到了人、自然、社会协调发展的价值取向上。这种转变不仅符合自然规律，也符合人类社会的发展趋势。

生态文明，作为人类社会发展的一个崭新阶段，坚信人既是社会发展的实践主体，也是社会发展的价值主体。这种信念源于人类相较于动物的独特能力：能够认识和正确运用自然规律，以之为指导处理人与自然、人与人（社会）之间的关系。这不仅是对人的地位的肯定，更是对人与自然和谐共生的深刻认识。在漫长的历史长河中，人类不断探索、积累并运用了各种知识，形成了唯物辩证法这一宝贵的哲学武器。正是凭借这一武器，我们否定工业时代的拜物教、功利主义以及"见物不见人"的物质享乐主义价值观。这些观念在过去曾导致自然环境的严重破坏和生态系统的失衡。而现在，我们开始重新审视人与自然的关系。生态文明汲取了自然中心主义重视自然的意识，将人的利益与生态系统的整体利益相结合。这种转变意味着我们应从生态系统整体的利益出发，确保在满足人类需求的同时，不破坏生态系统的恢复力，保持其动态平衡。实现人类自身的利益和价值，是生态文明的核心理念，但这并不意味着我们将生态保护仅仅限制在自身的利益与价值之中。相反，我们认识到，生态保护与人类利益是相辅相成的。一个健康、稳定的生态系统是人类生存和发展的基础，而人类的可持续发展又需要不断地优化和完善生态系统。这种统一不是以人为本服从于生态原则，也不是生态原则服从于以人为本，而是以人为本的生态和谐原则是每个人全面发展的前提。

（三）生态伦理道德观

在日常生活中，我们经常提及伦理道德，这通常是用来调整人与人、人与社会之间关系的准则。我们深知，人类社会的发展离不开每个个体对社会规则的遵守和维护。传统的伦理道德观主要关注的是人与人之间的相互关系，强调的是人类社会的和谐与平衡。但随着人类活动范围的不断扩大，我们逐渐认识到，人与自然之间的关系同样需要伦理道德的约束。生态文明的发展，为我们提供了新的视角，将伦理道德的视野扩展到自然界。在生态伦理道德观中，人类不再是自然界的主宰，而是自然界的一部分。我们与自然的关系不再是单纯的利用与被利用，而是相互依存、相互影响的。这种对生态的尊重和保护，不仅有利于自然的可持续发展，也有利于人类的长期生存。因为只有当人类与自然和谐共处时，我们才能享受到自然带来的恩赐，实现真正的互惠共生。

生态文明，它不仅是一种环保观念，更是一种全新的伦理道德观，倡导人类应当承担起保护自然、生态优先的道德义务与责任。在生态文明的视野下，我们崇尚敬畏生命、善待生命，尊重自然、热爱自然，像敬畏自己的生命意志一样敬畏所有的生命意志，满怀同情地对待生存在我们之外的所有生命。这样的态度并非源于对自然的恐惧，而是源自对生命的尊重和热爱，以及对自然的深刻感激。生态文明强调人对保护自然的义务和责任，承认自然界的重要价值。我们不再将自然视为无生命的物质，而是将其视为充满生机与活力的生态系统，是我们生存与发展的基础。我们需要珍视自然资源，维护生态平衡，保护生物多样性，以确保我们自身的生存和繁荣。同时，生态文明也强调人际和代际的平等关系、责任感和义务感。这意味着，我们不仅要关注当代人的利益，还要考虑到子孙后代的福祉。我们需要建立公正合理的社会制度，确保资源的公平分配和可持续利用，以实现人、自然和社会三者共生共荣、共同发展的目标。然而，强调生态伦理道德观并非意味着否定人的主观能动性和价值主体地位，相反，这正是生态文明道德观的独特之处。它体现了现代人在文明时代的处境和地位，重新凸显了人的主体地位。我们不再是自然的征服者，而是自然的朋友和守护者。我们需要运用我们的智慧和力量，更好地与自然和谐相处，创造一个美好的生态环境。

（四）生态科技观

生态文明的科技观，又称为"绿色科技观"，是以"生态技术"为核心的科技发展观。第一，用生态理性来校正科学理性，坚持科技的工具理性和价值理性的辩证统一、科学理性和生态理性的辩证统一。坚决反对传统工业文明的拜物教、功利主义和享乐主义，将科技作为人类用来征服自然、主宰自然的工具，一味地强调科技对人类的积极作用，忽略了科技本身以及应用过程中潜在的生态后果，就会不可避免地产生生态问题。第二，用人文精神来校正科学理性，使科学理性发生人文转向，达到人文精神与科学理性的辩证统一、科技与人文的动态平衡，推动文明和把握文明的动态平衡。生态科技观要求用人文精神来校正科技理性。第三，用生态伦理道德观来校正科技观，达到科技观和道德观的辩证统一。第四，坚持科学性和价值性的辩证统一。科学原则立足于人的具体生存境域，考察人的社会生活条件及其现实基础，把握人类社会历史发展的总趋势；价值原则突出人在社会历史发展中的主体地位、目的和尺度。生态科技观坚持在社会发展中人与自然和谐相处的价值原则，并将价值原则建立在科学原则的基础上，遵循社会历史发展的规律，充分发挥人的主体性作用，妥善处理好人与自然的关系，促进人类社会可持续发展。

（五）生态实践观

随着人类社会的发展，人类通过实践活动不断地改变着客观世界，而这种改变不仅深刻地影响了人类的认识，还改变了人们的实践观念和实践方式。工业革命作为人类历史上的一次重大变革，其形成的传统实践方式在一定程度上过度张扬了人的认识能力和实践能力，却忽视了生态系统的整体性制约。在这种观念指导下，人类采取了一种"高投入、高产出、高消费"的线性实践模式，即不断地从自然界中获取资源，经过加工制造成产品，最终将废弃物排放到自然环境中。这种实践模式要求自然界不断地提供资源，并及时"处理"实践过程中的废弃物。然而，由于自然资源的有限性和容纳、处理污染能力的不足，这种线性实践模式导致了人与自然之间尖锐的矛盾。具体来说，随着人口的增长和经济的发展，人类对自然资源的需求越来越大，而自然资源的供给却难以满足这种需求。同时，人类在实践过程中产生的废弃物也越来越多，而自然环境的容纳和处理能力却有限。这种矛盾导致了自然资源的过度消耗和环境的污染，给人类社会的可持续发展带来了巨大的挑战。

生态文明的生态实践，可以实现传统实践方式和思维观念的根本性转变，从而应对当前人类生存和发展所面临的生态问题。将生态学原则和原理渗透到人类实践的全部过程中，这意味着从生产到消费，从城市建设到农村发展，都应以生态学原则为指引，转变污染的工业化生产方式，采用生态技术，实现社会物质生产的生态化。例如，发展循环经济，推广绿色能源，减少废物排放等。这样，生态产业将在产业结构中占据主导地位，成为经济增长的主要源泉。在生活方式上，我们需要树立健康、适度消费的生活观和生态消费观。生态消费又称可持续消费或绿色消费，它提倡节约和适度消费，以人与自然协调发展的生态理念为指导。我们的消费行为应满足人的基本需要，提高生活质量，同时又不产生污染、破坏环境。这样的消费观念、消费方式、消费结构和消费行为，将有力促进社会经济发展的生态化。

二、生态文明的含义

生态文明可以从广义和狭义上理解。广义上的生态文明指的是人类积极改善与自然的关系，建立可持续生存和发展的物质、精神、制度方面活动的总和。狭义上的生态文明指的是以人与自然和谐统一为核心，在尊重自然和遵循自然规律的基础上，合理地开发利用自然资源，保护治理生态环境。从生态文明的属性、本质和关系上来看，生态文明可以定义为人进行生态化生产方式的活动，并遵循可持续发展的原则，在尊重、保护自然的基础上，在为后代子孙繁衍生息考虑的基础上，实现人与自然的繁荣共生。

目前，在全球各地出现了各种各样的生态环境问题。这些问题的产生为我们敲响了警钟，告诫我们在发展工业的时候要注意环境的承载能力，延续人类种族的繁衍。工业文明虽然给我们带来了巨大的物质财富，但是却给人们的生存带来了威胁。人们迫切需要一种新形式的文明来指导人类的生活，于是以生态主义为核心的生态文明诞生了。

（一）人与自然的和谐统一

如前所述，狭义上的生态文明含义的核心指的是人与自然和谐统一，要求人类与自然友好和谐相处的过程中，保持人类的不断进步。中共中央党校马克思主义学院教授李宏伟曾说："人们在利用和改造自然界的过程中，以高度发展的生产力作为物质基础，以遵循人与自然和谐发展规律为核心理念，以积极改善和优化人与自然关系为根本途径，实现人与自然的和谐发展的目标。"①

（二）人、自然与社会的和谐发展

生态文明的参与者不仅有人和自然两部分，还有社会。人类在进行物质生产时应充分发挥主观能动性，开发利用自然资源，按照自然—人—社会这样一个复杂的运行机制，建立人与人、人与社会、人与自然之间协调有序的发展，实现生态文明的繁荣。这种广义的内涵之下，生态文明不单单是节约资源和保护环境的问题，而是将生态文明融入政治、经济、文化等社会因素中，让生态文明贯穿于人类历史发展的始终。

工业文明将人类带入了一个全新的领域，人类不再依附于自然，不是自然的奴隶，而是可以借助自身的智慧，运用科学技术发展自然的人才。工业文明是一把双刃剑，它在一定程度上为我们创造了物质上的财富，但是又威胁着我们赖以生存的生态环境，生态文明的出现恰好是我们人类对于工业文明的反思。生态文明不仅在广义上要求人与自然的关系是和谐统一的，还从精神的层面将人、自然、社会连接成一个密不可分的整体，从而利于三者的协调统一发展。

第二节　生态文明的理论渊源

生态文明理论的产生与发展是一个漫长的过程，包括对丰富多元的生态思想的继承、发展与创新，如中国传统生态文化的精华、西方社会的优秀生态思想以及马克思主义理论中与生态环境相关的思想内容等。在继承优秀生态思想的基础上构建与完善生态文明理论，并与各国的具体国情相结合，能够有效地解决各国的生态问题，促进人类社会的可持续发展。

---

① 李宏伟. 生态文明建设的科学内涵与当代中国生态文明建设 [J]. 求知，2011（12）：9-11.

一、我国生态文明理论

中国传统文化中蕴含着丰富而深刻的生态文明思想，这些思想反映了社会经济发展与自然环境相适应的过程，梳理这些思想对指导我国生态文明建设具有重要意义。

（一）传统文化中的生态文明思想

1. 儒家文化

儒家的"天人合一"思想有着悠久的发展历史，顺天的道理早在尧舜时代就已被人们知晓。《易经》是儒家经典著作之一，其中关于"天人合一"的观念非常多，如热爱自然，"天"与"人"相互交融，自然事物属性与人格品德的有机联系，人在天人关系中主观能动性的发挥，自然法则与人事规律的统一性等。

中国文化传统与哲学的基本精神在儒家的"天人合一"思想中得到了集中体现，"天人合一"思想也蕴含着丰富的生态智慧，如建立和谐的人际关系、推动社会有序发展等。"天人合一"学说认为，作为人类生命之源的大自然本身也是有生命的，自然界应该得到人类的尊重；作为人类生存背景的大自然是一个生命体，其生命发育过程具有"自在自为"的特征，大自然的生命发育离不开人类的参与，人类在这方面肩负着重大责任与使命，即承担大自然的生命价值，参与大自然的生命发育。

"天人合一"思想所包含的生态智慧是非常丰富的，在从整体上把握生态保护自然规律的基础上，这一思想在合理的尺度范围内规定了人自身的道德修养，提出了实现天人和谐发展的可靠路径，这些生态智慧都体现了整体性的思维方式。下面具体分析"天人合一"思想所包含的生态智慧。

（1）注重生态道德修养

中国传统社会对道德修养特别注重，儒家学说一直将道德理想和人生修养作为主要论述内容。中国人追求道德理想，努力实现道德理想，并将此作为自身的人生价值追求。儒家开始只是在社会生活实践中推崇道德人格，后来在政治生活领域也推崇道德人格，这集中体现在"修身、齐家、治国、平天下"的主张上，这是对道德人格的扩充与延伸，也反映了传统社会政治生活具有浓厚的伦理色彩。儒家"内圣外王"的思想主张以道德修养为基本思路来对自然界问题进行解决，浓郁的内在道德色彩体现在这一主张中。儒家将道德修养作为毕生追求，将"天人合一"作为人生道德修养的最高境界和终极价值尺度。可见，"天人合一"思想中蕴含着丰富的生态思想资源，深入理解"天人合一"的内涵，有助于更好地开发和充分利用其中的生态思想资源。

（2）产生了生态保护的整体意识

儒家的"天人合一"思想具有整体性特征，具体可从以下两方面体现出来：

第一，强调人与自然是混沌一体的。

第二，指出思维主体和思维客体是不可分割的。

儒家思想认为，天、地、人是一个统一整体，其中每个要素的变化都会对其他要素的发展产生这样或那样的影响，这是一种整体性的思维方式，至今仍具有重要的借鉴意义，我们要从这个思维出发来进行生态文明建设。

（3）主张实现动态和谐

"天人合一"学说认为，人与自然是一个有机整体，二者相互统一，混为一体，彼此和谐相通，相互影响，相互制约。在儒家文化中，宇宙被视为一个整体的生命系统，天、地、人是统一体，各自按照一定的规律生长和发展，又彼此相通。儒家"天人合一"学说的实践原则集中体现为"适度"。孔子主张中庸，孟子主张适度，这也是儒家整体思维观的体现，其中蕴含着儒家对社会发展理想图景的构想，即通过适度发展达到动态和谐的目标。

2. 道家文化

道家是我国古代哲学史上的一个重要流派，代表人物有老子、庄子等。道家所有思想都是以"道"为出发点的，其中蕴含着颇具自然主义色彩的空灵智慧，而且强烈期盼着生命的永恒。生态关系和人际关系的所有领域在道教思想中都有所涉及，道家哲学对天人关系进行了较为系统的论述，"道法自然"是道家哲学的精髓，意思是世界万物皆因"道"而存在，人类要以"道"为法则，顺其自然，不予干涉。

道家的"道法自然"哲学思想中蕴含着深刻的生态文明思想，下面进行详细分析：

第一，老子是中国哲学史上首次明确提出"自然"这一重要范畴的人物，老子对人与自然的关系有丰富的认识与深刻的见解，包括人类生命在内的自然万物均是自然生成的,是由自然界创造的,不存在谁是谁的主宰者,自然万物相互之间都是平等关系,如作为大自然重要组成部分的道、天、地、人都是平等的,它们没有贵贱之分,所以对待万物要一视同仁。

第二,在"道法自然"的哲学思想中,人类与自然是整体的统一,作为自然的有机组成部分之一,人类与自然界的其他事物是平等的,因此相互之间要平等和谐相处,个人要在与其他事物平等相处的基础上对自我言行予以规范。自然万物都是按照一定的规律不断运动变化的,这是它们自然而然存在的根据,万物时时刻刻都在变化发展,而且万物的变化都不能违背自然的本性,不能因为人的主观意志而发生转移。这就要求人类尊重自然、崇尚自然、爱护自然、效法自然,自觉服从自然规律,并将自然规律合理运用到生活中,这样人类才能生生不息。自然界的变化有其自身的规律,人类要尊重这个规律,不能凭借自己的主观意志去强行改变或恶意破坏,否则将会造成严重后果,而且这个后果可能完全超出人类的承受范围。我们要正确认识道教的整体自然观,并按照这个基本法则来正确认识自然界,准确把握自然界的变化规律。

第三,道家主张万物平等,人与自然万物共生共存,应和谐相处。作为自然界的重要组成部分之一,人类有灵气,也有智慧,这是自然界其他任何事物都比不上的。老子主张人与自然万物和谐相处,基本立场是:万物都有权利存在于自然环境中,任何事物都有自己的独特价值,人与万物平等,人只是比其他事物更有灵气与智慧,但并不能说人是高贵的,其他事物是低贱的,它们是平等的。尊重万物与善待万物是人类必须遵循的自然法则,让万物各得其所、各随其生是对万物最大的尊重,人类不能强行干预。人类要树立平等意识,不能有贵贱观念,不能妄自尊大,更不能以自我为中心,试图通过征服自然与掠夺自然来满足自己的私欲。

3. 佛教文化

佛教自东汉时期传入我国,在中国生根开花结果,本质上来说就是在中国传统文化的影响下完成了中国化的改造,并成为中国传统文化的重要组成部分之一。中国佛教文化中与自然生态、精神生态有关的思想非常多,生态文明理论丰富而深刻,并将中国传统文化与生态学紧紧联系在一起。

（二）传统生态文明思想的现代价值

中国传统文化中蕴藏着丰富而深刻的生态文明思想，闪烁着耀眼的智慧光芒。儒家"天人合一"思想、道家"道法自然"思想、佛教"众生平等"思想中所体现出来的生态观在现代社会仍然具有重要的指导意义与借鉴意义，其现代价值不可忽视，主要可以总结为以下三点：

第一，帮助人们走出"人类中心论"的认识误区，引导人们树立人与自然有效合作、协同发展的世界观，这是具有现代意义和现实意义的思想观念。

第二，使人们正确认识人与自然的关系，并对人与自然的关系进行科学处理，为国家解决生态环境问题提供新的思路。

第三，有利于促进人与自然的和谐发展。

总体而言，传统生态文明思想告诉我们，大自然是人类赖以生存的家园，人类要以大自然为"本"，而不能凌驾于它之上，否则就是"忘本"。我们要合理开发利用自然资源，加强对自然生态环境的保护，从而实现可持续发展的理想目标。儒家的"天人合一"思想不反对开发利用大自然，但反对违背自然规律而过度开发，所以我们必须尊重自然规律，适当开发、合理利用。鉴于中国传统文化中蕴含着深刻的生态保护思想，而且这些思想具有重要的时代价值，我们要深入学习与传承中华优秀传统文化，大力弘扬与推广优秀传统文化，在科学生态观的指引下进行生态文明建设，使人民群众在和谐的生态环境中幸福生活。

二、西方先进的生态文明理论

在人类思想史上，西方生态思潮的兴起与发展是一件大事，它使人们思考问题的模式发生了变化，引发了诸多学科（经济学、政治学、伦理学等）思维方式的变革，并引起人们关注与重视社会生态环境问题，对促进人类可持续发展具有重要贡献，也能够为中国特色社会主义生态文明建设提供有价值的借鉴。

（一）可持续发展理论

1.可持续发展的概念

经济的快速发展在一定程度上破坏了生态环境，针对这个问题，一些国家的环境学家和生态学家提出了可持续发展思想，之后该思想在世界各国的学术界和政界得到了广泛的认可与青睐。1987 年，联合国国际环境与发展委员会发表学术报告——《我们共同的未来》，首次对可持续发展的概念作出界定，即"既能满足当代人的需要，又不对后代人满足其需要的能力构成危害的发展"①。

可持续发展的概念被明确提出后，其在环境问题与其他发展问题的相关研究中作为一个术语甚至是流行用语而被广泛应用。尤其联合国于 1992 年举办环境与发展大会之后，可持续发展作为一个概念、原则、思想、理论而频繁出现在一些报刊中。

2. 可持续发展理论的内容

可持续发展是一个涵盖了自然、经济和社会等多个领域的复合系统，具体内容包括生态可持续发展、经济可持续发展和社会可持续发展。这三者是协调统一的，其中生态可持续发展以安全为主，经济可持续发展以效率为主，社会可持续发展以公平为主。

（1）生态可持续发展

可持续发展要求充分考虑自然资源和环境的承载能力，要求人类在地球的承载能力之内进行发展。发展的同时必须注重对地球生态环境的保护和改善，合理利用各种自然资源，这样才能保证资源开发与利用的持续性与长久性。生态可持续发展强调环境保护的重要性，但这并不意味着环境保护与经济发展是互相对立的。我们不能将这两者孤立看待，更不能将其对立起来。相反，我们需要通过改变经济发展模式，使经济发展与环境保护相辅相成，从而在根本上解决环境问题。

（2）经济可持续发展

在探讨人类生存与经济发展的关系时，我们必须明确一个观点：经济发展是人类生存和进步的基础。但这并不意味着我们可以无视环境保护，以牺牲环境为代价来实现经济增长。为了实现长期的、可持续的生存与发展，我们必须在经济增长与环境保护之间找到平衡点。可持续发展作为一种全新的发展理念，它鼓励经济增长，但并非无节制地扩张。可持续发展的核心在于实现经济增长的同时，必须保证资源环境的可持续性，保证经济增长不会给生态系统和自然资源带来无

---

① 邱高会.中国特色社会主义生态文明建设道路研究 [M].北京：中国社会科学出版社，2021：39.

法承受的压力。集约型经济增长方式就是可持续发展观在经济领域的具体体现。集约型增长强调通过提高生产要素的使用效率实现经济增长。这种增长方式注重科技进步、人力资源开发、管理创新等因素，通过提高全要素生产率来推动经济增长，而不是单纯依赖资源的消耗和环境的破坏。

（3）社会可持续发展

可持续发展要求社会广泛分享发展带来的积极成果。尤其要利用这些成果来解决世界贫困问题，缩小贫富差距，进而提升社会保护地球生态环境和美化地球家园的能力。贫困问题作为全球性难题，严重制约了可持续发展的进程。贫困不仅剥夺了人们的基本生活需求，如住房、食物、健康、卫生等，还限制了人们的教育、就业、平等、自由等基本权利。这种不公平的社会现象，使一部分人无法充分享受发展带来的红利，加剧了贫富差距，进而影响了社会的稳定与和谐。因此，各国应当保持一致，致力于构建一个有益于全民的优质社会环境，这是实现社会可持续发展的基础与必要条件。

3. 可持续发展理念的优势

第一，可持续发展作为一种全新的发展理念，与旧有的发展观念有着本质的区别。此理念主张经济、社会、资源利用与环境保护之间的协调共进，旨在实现经济繁荣的同时，又能确保人类赖以生存的自然环境得到妥善保护。通过这种方式，我们能够为子孙后代创造一个持久稳定、和谐宜居的发展环境，确保他们能在这片土地上实现永续发展。

第二，可持续发展推动了发展理论在经济与社会两个维度上的均衡，实现了从单一性向多样性的转变，同时也促进了从单一主体向多元主体的过渡，实现了从独立发展向协调发展的历史性跨越。

第三，可持续发展是在人类理智地认知自然界、社会和个体间的互动关系，建立新型的价值观和伦理观念，以及深度反思现有的生存模式的基础上所提出的重大战略思想。这一理念致力于促进人与人、人与自然、人与社会之间的和谐共进，为发展问题提供了全面而理性的解决方案。

（二）绿色政治理念

绿色政治理念也被称为生态政治理念，是 20 世纪 60 年代末至 70 年代初在西方兴起的一股社会思潮。这一思潮的最大特点就是追求不同的国家、地区之间的生态和谐，以人类与自然界的和谐共存为核心理念。根据学界的研究，本书认为绿色生态观念包括实现生态平衡或者强调保护生态环境的根本原则，把人类的生存和大自然的存在都纳入公正的原则之内的"社会公正理念"，更好地保护生态环境以及调动人们参与生态治理的"基层民主原则"，人与人之间和人与自然、社会之间的"非暴力原则"。

（三）生态社会主义

生态社会主义是生态运动和思潮的重要流派之一，在本·阿格尔的代表作《西方马克思主义概论》（1979 年）中最早出现了这一流派，阿格尔、巴赫罗、莱易斯、佩伯、高兹等是该流派的主要代表人物。20 世纪 90 年代之后，生态社会主义学家注重吸收绿党（提出保护环境的非政府组织发展而来的政党）和绿色运动推崇的一些基本原则，涉及生态学、基层民主、社会责任以及非暴力等方面，同时也坚持马克思主义关于人与自然的辩证关系的基本理念，否定资产阶级狭隘的人类中心主义和技术中心主义，以及把生态危机的根源归结为资本主义制度下的社会不公和资本积累本身的逻辑，对资本主义的经济制度和生产方式进行了批判，要求重返人类中心主义时代，这为生态社会主义思想的形成奠定了基础。

（四）生态现代化理论

任何理论的产生都有历史背景和社会发展的推动作用，可以说西方生态现代化理论的产生具有历史必然性。生态现代化理论产生于 20 世纪 80 年代的西欧，当时的西欧工业技术发达，对环境的影响力强，与环境之间的矛盾也异常激烈。人们为了缓和与环境之间的矛盾，积极地寻求解决方式，于是生态现代化理论应运而生。

生态现代化理论提供了一种生态和经济相互作用的模式，目的是将存在于市场经济之中的现代化驱动力与长期经济相联系，人类通过经济技术革命，与自然形成友好协作的共生模式，建设环境友好型社会。这一理论由于强调市场竞争和绿色革命之间可以在促进经济繁荣的同时，减少对环境的危害，对于现有的经济发展模式没有较大的改动和重建，得到了绝大多数国家的支持，风靡 20 世纪 80 年代的经济社会，形成一股生态思潮，对欧洲多地的环境治理和环境改革产生了巨大影响。

1. 生态现代化理论的发展阶段

虽然生态现代化理论产生的时间不长，但是却涌现出众多优秀的学者表达自己的研究成果。按照阿瑟·摩尔的观点，我们可以依据生态现代化理论的研究领域和地理范围，将生态现代化理论的发展历史分为以下三个阶段：

第一阶段，20世纪80年代的早期被视为生态现代化理论产生的萌芽阶段。德国社会学家约瑟夫·胡伯和马丁·耶内克是这一阶段的代表人物，其中胡伯被视为这一理论的奠基人。两位学者看重技术革新在工业生产和环境变革中的作用，并且倾向于市场作用的调节，对政府的作用持批评态度。总体来说，在生态现代化理论产生的萌芽阶段，这两位学者的观点比较单一薄弱，研究的方向也较为限定，只局限于单一国家，但是不可否认，两位学者奠定了生态现代化理论的基础，刻画了生态现代化理论的基本轮廓。

第二阶段，20世纪80年代后期到90年代后期，生态现代化理论进入形成期。这时候有大量的学者致力于生态现代化理论的建设，研究的人数众多，参与的国家也多。参与范围不再局限于德国，还有一些欧美国家也参与进来。其中，荷兰人格特·帕斯嘉论和马藤·哈杰是这一时期具有突出贡献的代表人物。这一时期不再强调技术创新对生态现代化的核心作用，转而在政府和市场的联合作用下，进行生态转型。另外，其研究的范围也有所扩展，由此前的单一国家逐步扩展到经合组织国家。

第三阶段，20世纪90年代以后，这一阶段是生态现代化理论的拓展期。在这一阶段，学者逐渐转向将生态现代化的理论研究和全球化发展的进程相结合，使生态现代化理论呈现全球化拓展的趋势。在这一时期，有更多来自各个国家的学者对生态现代化理论的研究做出贡献，并且在实践范围上扩展到欧洲以外的国家。另外，这一阶段的理论追求也从单纯的改善环境发展为整个社会的生态转型。

2. 生态现代化理论的特征

生态现代化理论经历了萌芽期、形成期和发展期三个阶段，理论内涵不断地成熟丰富，形成了一套完整的思想体系。具体来讲，生态现代化理论主要有以下四个特征：

第一，依靠技术革新。生态现代化指的是通过环境技术革新而达到一种环境友好型的发展。在生态现代化理论中，技术革新处于关键地位，但是它又承认技术革新是一把双刃剑。技术革新既可以推动环境治理，又可能对环境造成不利影响。生态现代化理论认为，科学技术是引发环境问题的主要原因，同时也是治理环境的主要手段。传统的技术手段将被替代，取而代之的是对环境影响甚微的技术手段，这种技术手段具有环保性、社会性、预防性和经济性的特点。现代环境技术手段的运用为生态现代化理论提供了转变为现实的可能性。在现实生活中使用环境技术手段不仅可以降低能源的消耗和排放，还能提高企业的竞争力。这些清洁企业的出现推动了社会的繁荣昌盛。

第二，利用市场机制。生态现代化理论是以市场作为基础的理论，认为市场的作用在生态建设中具有重要影响。虽然它肯定了市场的作用，但是不代表它否定了政府的作用。生态现代化理论是一种政府干预与市场作用相结合的理论，政府可以通过干预市场活动创造一个让经济和环境可持续发展的框架。芬兰、德国、日本等国家率先利用环境政策手段，如芬兰于 1990 年在全球范围内率先引入二氧化碳税。此举旨在通过市场机制激发经济主体的自我约束与积极性，推动其主动降低污染水平，进而保护生态环境。这种策略不仅有助于实现经济的稳步增长，同时也为环境保护提供了有力支持，实现了经济增长与环境保护的双赢局面。

第三，强调预防为主。生态现代化理论基于传统修复补偿和末端治理环境政策的缺陷，是以预防为主的理论。在通常情况下，生态环境产生问题时，人们才会想方设法出台一系列的政策治理环境问题，但这是一种先污染后治理的方法，从长期而言，并不利于生态系统的可持续发展。这种政策通常是针对特定污染因素制定的具体措施，因此在具体目标、措施和制度之间可能缺乏协调性和一致性，从而导致环境问题从一个环境媒介转移到另一个媒介。此外，传统环境政策面临的一个主要问题是成本高昂，需要投入大量资源用于环境治理，并且这种政策见效缓慢，因此实施预防为主的环境政策对于生态建设具有重要作用。

第四，实行渐进变革。耶内克认为："生态现代化作为一种以市场为基础的方法，是一种至今卓有成效的方法。与结构性解决方案相比较，生态现代化似乎是一种更容易的环境政策方法。"① 结构性解决方案的最大问题是现实可能性太小，公众对于结构性改变所带来的不确定性有一种抵触情绪，在现实生活中很难获得政治上的支持。而生态现代化理论虽然也要进行一系列的重大改革，用来纠正破坏环境的结构性缺陷，但是生态现代化理论更容易被群众接受。归因于生态现代化理论认为改革不会将现代社会建立的所有体制推翻，是一种渐进式的改革方式。这种改革方式的优势在于阻力小，更容易被广大的政治界、企业界和学界接受，可以让这些人成为生态建设的主要推动力。

总之，西方的生态现代化理论的提出是世界建设生态文明的一大进步，它无论对于过去的环境学说，还是对于解决生态危机，都提出了合理化的见解，并通过实践的检验具有相当的合理性和可操作性，受到了广大国家的追捧。

三、马克思主义生态文明理论

马克思主义思想体系的创始人和奠基人是马克思和恩格斯，他们以人类社会的发展历史、人类思维的发展规律以及自然界为考察对象，构建了庞大而系统的思想体系，包括经济理论体系、政治理论体系、哲学理论体系、社会理论体系等。这些理论体系中或多或少包含着生态文明理论，如人与自然辩证关系的思想、正确处理人与自然关系的理论，以及人类与自然界和谐发展的观点等。这些理论对解决社会环境问题和缓解生态危机具有非常重要的现实意义，它们为各国建设生态文明社会奠定了重要的理论基础。

下面具体分析马克思主义生态文明思想。

（一）人与自然的辩证观

人与自然辩证关系的思想是马克思主义生态文明思想的核心。在所有的哲学观研究中，都将人与自然的关系问题作为研究的核心。正确理解与深入阐释人与自然的关系是哲学自然观的主要任务，从而使人们依据某种范式来对自身与自然的关系进行处理，使人类自觉规范自己的行为，善待自然。马克思主义的辩证唯物主义自然观是在积极扬弃旧的哲学自然观的基础上形成的，辩证唯物主义自然

---

① 郇庆治，马丁·耶内克. 生态现代化理论：回顾与展望 [J]. 马克思主义与现实，2010（1）：175-179.

观坚持唯物主义原则，对自然界的客观实在性是承认的，而且对传统观点中关于劳动中介性的思想进行了批判性的吸收，从新的视角对人与自然的关系进行考察，从现实出发对人与自然的分化和对立关系进行解释，又在遵守生存实践原则的基础上对人与自然的和谐统一进行探索，从而向我们揭示了人与自然的实质关系，具体表现在以下几个方面：

1. 人是自然界的产物

马克思认为，人类是自然界发展到一定阶段的产物，是在自然环境中和大自然一起发展起来的。对于人类来说，自然界具有先在的物质性，"先在"指的是自然界不以人为依赖而存在。人是第二性的自然存在物，是受动的、受制约、受限制的。关于人类是自然界发展到一定阶段产物的这个命题，恩格斯在《自然辩证法》中又从生物进化角度做了进一步的论证，提出人的身体、器官、思维意识都是自然界的产物。马克思和恩格斯都认为人和自然是混沌一体、不可分离的，人具有自然属性，是自然界发展的产物，是自然系统中不可或缺的重要组成部分之一，是融于自然的生命体。如果认为人和自然是对立关系，把人类置于自然之外，认为人是高高在上的主宰者，则人类就会持续过度开采和滥用自然生态资源，对自然环境造成严重伤害，进而导致人类的生存条件逐渐恶化，甚至失去赖以生存的家园。

2. 自然是人类生存的基础

人类要生存，要维系生命，就必然离不开大自然，人对自然的依赖性非常强，人类如果脱离自然，就无法生存下去，因为他们会失去获取物质生活资源的来源，失去交换物质、能量及信息的对象。马克思认为，自然界就是人的"无机身体"，人靠自然界生活。人类要繁衍生息，就不得不从自然界中获取丰富的物质生活资料，人类与自然界之间的交往、互动是永不停止的，人类只有保持与自然的密切关系，才能维持生命活动，所以说自然界是人类必须依赖的生存环境，人类要善待自然，如同善待自己的身体，保护生态环境是人类善待自然的集中表现。

人类不仅可以从自然界中获取丰富多样的物质生活资料，从而为自身的生存发展提供基础保障，还可以从自然界获取精神食粮，从而在满足物质生活需求的基础上进一步丰富精神生活，提高生活品质。自然界也是人的精神的"无机界"，马克思认为："从理论领域说来，植物、动物、石头、空气、光等，一方面作为自然科学的对象，另一方面作为艺术的对象，都是人的意识的一部分，是人的精神的无机界，是人必须事先进行加工以便享用和消化的精神食粮。"^①大自然赋予了人类丰富的情感、坚定的意志、无限的智慧以及超凡的灵性。在物质和精神两个层面上，自然界均为人类生存与发展提供了不可或缺的重要条件。

3. 受动性和能动性的统一

马克思在《1844年经济学哲学手稿》中明确指出："人作为自然存在物，而且作为有生命的自然存在物，一方面具有自然力、生命力，是能动的自然存在物，这些力量作为天赋和才能、作为欲望存在于人身上；另一方面，人作为自然的、肉体的、感性的、对象性的存在物，和动植物一样，是受动的、受制约的和受限制的存在物，就是说，他的欲望的对象是作为不依赖于他的对象而存在于他之外的。"^②马克思的这一论述包含以下两个层面的意思：

其一，作为受动的自然存在物，人类是受自然界制约和限制的。

其二，作为能动的自然存在物，人类能够对世界形成正确的认识，并在实践活动中对世界进行改造。

人类与自然界之间是通过劳动这个媒介来交换物质、能量及信息的，人类针对自然界这个对象进行实践活动，在劳动过程中对自然界进行改造。劳动是人类生存的必要手段，不管社会形势如何变化，劳动作为使用价值的创造者是始终不变的。人与自然之间交换物质或非物质的东西，都要依赖劳动这个媒介，这是人类永久生存发展的自然必然性。人类对自然环境的改造并不是盲目的，而是有意识、有目的的，目的是使改造后的自然环境更能满足人类生存与发展的需要，人类改造自然其实就是为自己创造更好的生活环境，创建理想的家园。人类具有能动性，这就决定了在其与自然界的关系中是为了自身的存在而存在，而非为了其他自然存在物而存在；人类同样也具有受动性，这决定了人类必须顺应自然发展规律，在这一基础上改造自然，在改造性的实践活动中不能违背规律、肆意妄为，否则将会造成严重的甚至是不可估量的后果。

在《自然辩证法》中，恩格斯提道："我们不要过分陶醉于我们人类对自然界的胜利。对于每一次这样的胜利，自然界都对我们进行报复。每一次胜利，起初

① 吴炜，程本学，李珍. 自然辩证法概论 [M]. 广州：中山大学出版社，2019：71
② 赵敦华. 马克思哲学要义 [M]. 南京：江苏人民出版社，2018：93.

确实取得了我们预期的结果，但是往后和再往后却发生完全不同的、出乎预料的影响，常常把最初的结果又消除了。"① 这其实是恩格斯对人类的一种警告，告诫人类如果忽视自然界的制约作用，无止境地破坏大自然，最终将自食苦果，制约自己的生存与发展。

4. 人与自然和谐发展

人类要与自然共同进化，和谐发展，这是由人类与自然的辩证关系所决定的。马克思将自然分为两种类型：一种是"自在自然"，另一种是"人化自然"。人化自然就是经过人类加工改造后的自然界，而加工改造的对象是自在自然，人类对自在自然有了一定的认识后，便在实践活动中对其进行有意识、有目的的加工与改造。人化的自然界并不是人们从客体直观的角度去理解的纯粹自在的自然界，而是与人类实践活动及人类的发展历史密切相关的自然界，人化的自然界是人认识活动和实践活动的重要对象。人化后的自然界更适合人类生存，与人类生存发展的需要更契合。马克思的"人化自然"思想主要强调了以下两点内容：

第一，自然界的存在、发展需要人的参与。

第二，人类的存在方式主要是实践劳动，这是人类的对象化活动，具有明确的目的性。

人化自然思想的核心是"人与自然在实践基础上的统一"，人类与自然的价值关系集中体现在人类的社会实践活动中，人与自然的相互作用是人类实践活动得以实施的根源。需要注意的是，人与自然在实践基础上的统一并不是说简单地将人与自然界结合起来，这种实践的特点也不是说在人的特征与自然的特征中寻找共同点，我们可以将这种实践理解为在人与自然的相互关系中生成的整体性和一体化，人类必须尊重自然，爱护自然，努力将生态系统的完整性与稳定性维护好，然后才能更好地实现自己的价值。

（二）人与自然和谐发展的观点

人与自然和谐发展是马克思主义生态文明思想的目标。马克思主义生态文明思想，其核心理念在于人、社会和自然之间的相互关系。这种思想并非从抽象的角度去探讨自然界的客观性，也不是孤立地从人类的角度去分析主观性，而是从

---

① 王瑜. 马克思主义发展观与资本主义发展观比较研究 [M]. 济南：山东大学出版社，2021：71.

实际活动的人出发,深入探索人、社会与自然之间的相互作用,从而构建一个实践的辩证观。这一辩证观强调了现实世界的复杂性,现实世界并非人与自然界简单地相加,而是一个由它们相互构成的整体。在马克思主义生态文明思想中,人的社会关系与自然界的相互作用被置于同等重要的地位。

1. 从和谐到失衡,再到新和谐的历史过程

随着生产力水平的不断提高和人类对自然规律的深入认识,在不同的社会发展阶段,人类会对自然产生不同的影响。

在原始社会,人类生产活动的主要方式是采集和狩猎,人对自然有着强烈的依赖性,自然环境对人类生产和生活有明显的制约性影响,人与自然关系和谐,这是原始社会的人与自然的关系。

在农业社会,人类的生产方式主要是农业劳动,生产者是人,自然界是劳动对象,二者密切联系。因为当时农业劳动的生产规模较小,强度也不大,所以对自然界也只是产生了较小的负面影响,人类与自然的关系相对融洽。但当时人类乱砍滥伐的不良现象也确确实实存在,尤其是通过战争来争夺水土资源对自然生态造成了明显的破坏,这就导致人与自然的关系在相对和谐中出现了不和谐的一面,这是一种区域性和阶段性的不和谐。

在工业社会,科学技术有了显著的进步,社会生产力水平也得到了极大提高,人类活动方式更加多元化,活动范围也更大,除了在地球表层活动,在地球深部及外层空间也有了一定程度的拓展。与此同时,人类在漫长的发展历史与实践劳动中积累了丰富的经验,学会了很多技能,这使人类在改造自然中更加得心应手,控制自然的意识与能力也逐渐提升。这导致自然界的生态结构被打乱,生态平衡遭到破坏,自然界受到严重威胁,人与自然之间形成了对立的关系。

随着人类生产活动的不断扩大,人与自然的对立关系更加鲜明,现代人为了满足自己的欲望而无限制地开发自然资源,这种行为造成了自然资源的浪费,严重破坏了生态环境。地球生态系统的演变路径和演变方向也因此而受到影响,人类赖以生存的自然环境面临严重的威胁,如果不及时缓和人与自然的关系,后果将不堪设想。

2. 遵循自然规律是必要条件

马克思主义生态文明思想认为:人类具备通过实践活动改造自然的能力,但

在此过程中必须恪守对自然界客观规律的尊重，绝不可因个人私欲而肆意掠夺、破坏自然，否则不仅难以达成预期目标，更可能遭受自然的反噬。人类在实践活动中，必须秉持理性、审慎的态度，确保人与自然和谐共生，以实现可持续发展。恩格斯不断警醒人们，"我们必须时时记住：我们统治自然界，绝不能像征服者统治异族人那样，绝不能像站在自然界之外的人似的。相反地，我们连同我们的肉、血和头脑都是属于自然界的，存在于自然界的。我们对自然界的全部统治力量，就在于我们比其他动物强，能够正确运用自然规律"①。马克思认为，不仅自然物质的内在规律具有不可变性，鉴于人类对于自然的认知以及受自身利益驱使的理性能力有所局限，也无法全面掌握自然界的全部规律。实际上，规律的背后还有更深层次的规律，因此，人类只能逐步深化对自然界的认识和理解。

3. 发展科学技术是必由之路

马克思和恩格斯从科学技术的角度阐释如何解决资本主义工业文明时期遇到的环境恶化难题。

一方面，马克思和恩格斯主张依靠科学技术"再加工"和"再利用"生产和消费过程中产生的废弃物，以减少工业废料对环境的污染。另一方面，马克思主张用科学技术改进生产工艺，发明和利用新的生产工具，有效减少废弃物的产生，减轻对环境的压力。

（三）人口、资源、经济协调发展的观点

人口、资源及经济的协调发展是马克思主义生态文明的实践观，其中有两个关键问题：一是如何处理好人口再生产与物质资料再生产的关系；二是如何处理好自然再生产与物质再生产的关系。下面简要分析这两个问题的相关理论：

1. 人口与物质资料再生产的理论

马克思和恩格斯认为，社会再生产是一个复杂的系统工程，其中包括两个不可或缺的部分：物质资料再生产和人口再生产。物质资料再生产是整个社会再生产的基础。正如高楼大厦离不开坚实的基石，人类的生存与发展同样离不开物质资料的支撑。无论是衣食住行，还是科技文化，都离不开物质资料的供给。正是不断更新的物质资料，为人类的存在和延续提供了坚实的物质基础。然而，物质

---

① 王舒. 生态文明建设概论 [M]. 北京：清华大学出版社，2014：331.

资料再生产的顺利进行又离不开人口再生产的支撑。人口是社会的基本单位，也是物质资料再生产的主体。人口的数量、结构和素质直接影响着物质资料再生产的效率和质量。只有当人口再生产适应并促进物质资料再生产时，社会再生产才能保持旺盛的生命力。

社会再生产的发展过程，既是物质资料再生产由低级向高级的发展过程，也是人口再生产由低级向高级的发展过程。这两个过程的互动和演进，共同推动着社会的进步和发展。在这个过程中，物质资料再生产和人口再生产需要保持协调发展，任何一方都不能脱离另一方而单独发展，否则，社会再生产的顺利进行将受到严重阻碍。

科学技术可以使人口增长与自然资源保持动态平衡，人类社会历史发展表明，科学技术的发展确实能为人类带来源源不断的自然资源，一方面，人类可以通过科技的进步不断提高生产效率和自然资源的利用效率，另一方面，人类可以通过科技创新发现新的资源和能源，扩大自然界的利用对象，为人口增长提供新的自然资源和活动空间，从而解决满足人口增长所需的物质生活资料增长的协调发展问题。

2. 自然与物质再生产的理论

马克思和恩格斯认为，社会物质生产是自然生产力与社会生产力共同作用的产物，是一种社会性实践的结果。这种生产活动必须与自然物质生产保持协调，以确保二者的和谐共生。自然再生产是物质再生产的基础，人们在依赖自然物质生产的基础上进行社会物质生产，将自然物质纳入社会物质生产的循环中。同时，人类在社会物质生产过程中，也创造了一个与自然世界相互关联的人化自然世界。因此，自然物质生产与社会物质生产之间存在着密切的相互作用和转化关系。从这个角度看，社会再生产不仅包括物质再生产，还包括自然再生产，它是这两个再生产过程的有机统一。为了实现可持续发展，人类必须意识到对自然生态系统进行必要补偿的重要性，为人类的未来创造更加美好的生存环境。

总之，马克思和恩格斯以科学的世界观为指导，深刻地揭示了人与自然的真实关系，明确阐释了人在世界中的地位与作用，提出了关于生态问题的主要解决思路。马克思和恩格斯关于人与自然关系的生态思想对我们正确处理人与自然的关系、转变经济发展方式、缓解生态危机、建设美丽家园等具有重要指导意义。

第三节　生态文明的本质与价值归宿

一、生态文明的本质特征

（一）审视的整体性

面对日益严峻的环境问题，现代生态文明理念应运而生，它以全新的视角审视人类社会的发展问题，提出了全新的发展理念。生态文明理念强调，人类社会的发展必须以大自然生态圈的整体运行规律为前提，将人类的一切活动都放在自然界的大格局中考量。在推动经济社会发展的同时，我们必须充分考虑生态、资源、环境的承载力，实现人与自然和谐共生、发展与环境双赢。这种理念不仅是对传统工业文明的一种反思，更是对未来可持续发展的一种展望。资源、生态、环境是人类发展的基础，是经济社会活动的依托。在生态文明的指导下，我们需要重新审视我们的发展方式，将生态优先原则贯穿于经济社会发展的全过程。

（二）调控的综合性

现代生态文明的特点在于它打破了学科分割的局面，将生态学、经济学、社会学和其他自然、人文学科融为一体，形成了一门多学科相互联结的大跨度、复合型交叉学科。这种联结和组合不是简单的学科相加，而是追求生态系统、经济系统和社会发展内在规律的有机统一。通过这种综合性的研究，我们能够更准确地观察、判断整个人口、资源、环境、经济、社会、民生等的总体结构及其运行状况，从而提出恰当的调整优化对策。这种综合性的研究不仅有助于我们实现"全面协调可持续发展"的目标，还能推动我们构建一个更加和谐、繁荣和可持续的社会。

（三）物质的循环性

能量转化、物质循环、信息传递，这三者构成了全球所有生态系统的核心功能与基石。这些自然过程不仅维系着生命的延续，还塑造了我们生活的世界。在深入研究这些基本要素的同时，我们发现了实现可持续发展的关键——发展循环性生态经济和清洁生产。循环型生态经济是一种全新的经济模式，它将传统的"资源—产品—废弃物"直线生产方式转变为一个闭环反馈系统。在这个系统中，"资源—产品—废弃物"的过程不再是一次性的，而是变为"资源—产品—废弃物—再生资源"的循环过程。这种转变不仅体现了生态文明的理念，更是对传统工业化生产方式的深刻反思和有效改进。它能够在提高经济增长的质量和效益的同时，实现资源的最大化利用和环境的最小化损害。同时，循环型生态经济还能够培育新的经济增长点。

（四）发展的知识性

随着工业化的推进，人类社会的发展取得了巨大的成就，但同时也付出了沉重的资源环境代价。我们需要转向一种更加可持续的发展方式，即生态文明时代的经济发展。生态文明时代的经济发展与传统工业化不同，它不再依赖于资金、资源和环境的过度消耗，而是主要依靠智力开发、科学知识和技术进步。这种发展方式以科技创新为驱动，通过不断提高科技水平和创新能力，推动经济社会的可持续发展。据统计，发达国家知识经济在国民经济中的所占比重已经超过50%，这充分说明了科学技术在经济发展中的重要地位。随着知识经济的不断发展，现代知识、技术和智力资本将成为经济发展的主导力量，推动经济社会的可持续发展。

（五）成果分享的公正性

一切物质文化成果都应当由全体社会成员共享。生态文明的宗旨和理念是强调人与自然、人与人、人与社会和谐共处；强调全面协调可持续发展、坚持城乡一体化、先富帮后富；强调改革分配制度，实现发展成果人人共享、有效提高人民的幸福指数。这是建立良好社会生态、化解社会矛盾、造福于全体社会成员的必经之路。

（六）文明中的先导性

物质文明、精神文明、政治文明和生态文明都是人类社会和大自然和谐发展所不可缺少的，具有不同的重要意义和作用。四者作为文明整体的组成部分，相互关联、互为因果、相辅相成，都应给予应有的重视，并努力做好。就其相互关系来说，建设生态文明离不开物质文明、精神文明和政治文明的支撑。而生态文明建设则是人类生产方式和生活方式根本性变革的战略任务，对其他文明建设起着基础性和先导性作用。鉴于资源日趋紧张、环境严重污染以及生态系统不断退化的严重形势，我们必须将生态文明建设的核心理念、基本原则及目标深度融入并贯穿于经济、政治、文化以及社会建设的各个领域。只有以生态文明为指导，用其理念和行为方式去认识和应对经济、社会、资源、环境等领域的挑战，我们才能摆脱生存与发展的困境，实现人与自然和谐共生、平衡发展以及可持续的良性循环。

经过深入分析和研究，我们可以清晰地看到，上述所提及的六大本质特征充分展示了生态文明作为一种新型文明形态的独特性和先进性。它不仅源于工业文明，更在多个方面实现了对工业文明的超越，其优势与优越性显然不是工业文明所能比拟的。在全球化的今天，迈向生态文明新时代，选择走生态文明发展之路，已经成为一种不可逆转的历史趋势。对于中国而言，这不仅是顺应世界潮流的明智选择，更是基于国家长远发展和人民福祉的必然决策。因此，我们必须以高度的责任感和使命感，坚定不移地推进生态文明建设，为实现中华民族永续发展和构建人类命运共同体贡献力量。

二、生态文明的价值归宿

（一）对马克思主义的继承与创新

生态文明继承了马克思、恩格斯的生态思想，是在对我国社会文明发展形态和工业化发展实践进行深刻反思的基础上，提出的关于我国未来社会文明形态与文明发展的实现路径。生态文明建设用事实证明，新的时代背景和普遍理论应用下的中国元素融入马克思主义学说，在以事实驳斥西方对于马克思主义种种误解的同时，丰富和发展了马克思主义学说体系。

（二）对中国特色社会主义理论体系的进一步完善

生态文明建设下所产生的相关思想是中国共产党根据国际社会关于人与自然关系思潮的发展趋势，以及国内建设实践的客观需要，所阐述的关于人与自然、经济社会发展与生态环境进化等问题的一系列思想主张。中国特色社会主义理论体系，是一个科学、完整的理论体系，涵盖了邓小平理论、"三个代表"重要思想、科学发展观以及习近平新时代中国特色社会主义思想等重大战略思想。该理论体系不仅继承和发展了马克思列宁主义、毛泽东思想，更是几代中国共产党人带领广大人民在长期革命、建设、改革实践中所形成的智慧和经验的结晶。它是马克思主义中国化的最新理论成果，是党最可宝贵的政治和精神财富，也是全国各族人民团结奋斗的共同思想基础。生态文明理念从人与自然的关系出发，深入诠释了中国特色社会主义理论体系，成为其不可或缺的组成部分。在理论价值上，生态文明理念的提出，不仅彰显了中国特色社会主义理论体系的时代特色，更是中国特色社会主义理论体系完善的见证。

第四节　生态文明建设的价值取向

在当今社会向健康发展的潮流中，生态文明也被赋予了新的时代内涵，即生态文明建设本身应注重全面均衡发展，以提升城市生态竞争力为载体，增强自然生态系统的持续发展能力，促进自然生态系统与人类社会系统的和谐发展，最终实现人的自由、和谐和全面发展。

一、最直接的价值取向

生态文明建设最直接的价值取向是自然生态系统的持续发展能力的提高。

在探讨自然生态系统的持续发展能力时，我们不得不面对一个严峻的现实：环境危机和生态危机。这两大危机正日益威胁着整个生态环境系统的稳定与健康。正是基于这样的背景，生态文明建设战略应运而生，旨在通过一系列措施来应对这些挑战，促进生态系统的平衡与和谐。生态系统，这一概念在 1935 年由英国植物生态学家坦斯利首次提出，它描述了一个特定空间内所有生物与环境之间相互作用、相互依存的关系。在这个统一有机体中，生物与环境之间不断进行着物质循环、能量流动和信息反馈，形成了一个复杂而精妙的网络。环境危机与生态危机在本质上存在差异，但也呈现出一定的共性。环境危机特指人类所依赖的生存条件无法满足经济持续健康发展的需求，甚至已威胁到人类生存本身。这一危机凸显了人类活动对环境造成的负面效应，并着重关注人类生存与发展所必需的环境条件。环境危机主要包含环境污染与自然资源枯竭两个方面。环境污染，按其污染物的不同，可分为气污染、水污染、固体污染、噪声污染和光污染等。这些污染形式在日常生活中无处不在，严重影响着人们的身心健康。自然资源枯竭的问题也不容忽视。耕地、森林、草原、淡水、煤和石油等资源的过度开采和不合理利用，使得这些宝贵的自然资源日益枯竭，这不仅威胁到经济社会的可持续发展，也对人类的生存造成了严重威胁。生态危机是指地球生态系统的循环、平衡、稳定被打破，进而走向崩溃毁灭的危机。这种危机表现为生态系统的物质、能量循环和信息交流被严重破坏，由此带来一系列严重的生态反常现象（或生态灾难）。例如，全球气候变暖所引发的飓风产生、暴雨增多、冰川消融、海平面上升等一系列危机，以及物种灭绝加速导致的生态失衡与崩溃等严重问题。综上所述，生态文明建设的核心目标在于有效缓解、消除并预防因生态系统物质、能量循环及信息交流遭受严重破坏而引发的各类危机，进而实现生态系统的健康、稳定与可持续发展。

二、蕴含的价值取向

生态文明建设的核心价值在于实现自然生态系统和人类社会系统之间的和谐共存与协同进化。

生态文明建设理论的提出与人类反思过去发展史有紧密联系。人类社会在历经原始文明、农业文明和工业文明之后出现了"三大危机"——自然资源枯竭、生态环境恶化和社会贫富两极分化，以及"两大有限性"——地球资源对人类生存发展承载能力的有限性、人类社会公平分配社会财富能力的有限性。生态文明建设体现了人与自然之间新型的关系模式，这种模式追求和谐共生。

三、核心价值取向

生态文明建设核心价值取向是实现人的自由、和谐和全面发展。

随着人类文明的不断进步，我们逐渐认识到生态文明的价值观对于人类生存和发展的重要性。这种价值观主张两个中心和两种价值，即人类与自然并存的两个中心，以及对自然和人的两个主体的价值。城市作为人类文明的重要载体，其本质是人类生活的聚集地。所有学科和学者对城市研究的最终指向都是人和人的生活。以北京为例，《健康北京"十二五"发展建设规划》明确提出了未来北京的发展方向：更加注重人的全面发展，更加注重经济社会协调发展。这表明，未来的城市建设将更加注重人与自然的和谐共生，以实现人类美好生活的理想。我们必须认识到，城市的价值并非仅仅在于其经济功能，更在于其给人类提供与农村等其他居住形式、生活方式不同的价值。城市的繁荣与发展，必须以不断提高人们的生活质量为最终指向。2010 年，上海世博会以"城市让生活更美好"为主题，向世界展示了城市发展的最新理念，更深刻地揭示了城市发展的本质价值。从城市本质的角度来看，生态文明城市的构建不仅是为了满足人们的物质需求，更是为了实现人的自由、和谐和全面发展。仇保兴在《生态城市使生活更美好》[①]一文中提出了生态城市的最终目标是使生活更美好，探讨了城市发展的"等边三角形"目标，其中一条边是可持续性，另一条边是经济利益，第三条边是幸福指数。生态文明建设为人的全面发展提供了有力的支撑和保障，同时，人的全面发展也是生态文明建设的重要推动力量。二者之间存在着密切的辩证关系，相互促进、相互依存。生态文明建设的成功需要依赖于人的全面发展，而人的全面发展也需要生态文明建设为其提供良好的生态环境和社会条件。因此，我们必须坚持生态文明建设与人的全面发展相协调，实现经济、社会和环境的可持续发展。

四、最终价值取向

生态文明建设的最终价值取向为实现社会的现代化。

社会现代化是一个多维度的过程，涵盖了经济、政治、文化、社会等多个领域。这个过程的目标是实现社会文明的现代化，包括物质文明、精神文明和政治文明。然而，除了这三个方面，还有一个重要的概念需要我们关注，那就是生态文明。生态文明与物质文明、精神文明和政治文明是并列的概念，但它又具有更高一级的内涵属性。它是人类在这些领域所取得的社会文明成果之总称，同时也是人类社会未来发展的新方向。生态文明建设对于社会现代化的重要性不言而喻。它不仅是社会现代化的重要组成部分，更是推动社会现代化进程的重要动力。生

---

① 仇保兴. 生态城市使生活更美好 [J]. 城市发展研究，2010，17（2）：1-15.

态文明建设能够提升自然层面上的自然生态系统持续发展能力，实现自然生态系统与人类社会系统的和谐统一。同时，它还能促进人类层面的全面发展，提升城市层面上的城市竞争力。

生态文明是人类社会发展的崭新文明形态，它为我们指明了未来文明发展的方向。在实现社会现代化的过程中，我们必须高度重视生态文明建设，将其纳入经济社会发展的全局，推动经济、政治、文化、社会等领域的全面协调可持续发展。只有这样，我们才能真正实现现代化的目标，为人类社会的繁荣与进步做出更大的贡献。

生态文明建设不仅是现实领域的内容，同时也是理论学科领域的内容。依据生态学、生态承载力以及可持续发展理论和生态行政学理论的观点、主张及其原则，在结合学者和实践者提出的生态文明概念及其本质的基础上，将生态文明界定为生态文明化与文明生态化的双向互动过程，即生态与文明相互融入、相互渗透。生态文明化使生态的具体内容上升到文明的高度，极度重视生态发展，在社会发展的各种文明中融入生态的因素，体现生态的内容，渗透范围具体到社会、政治、经济和文化的每一个层面和每一个领域。文明生态化使文明的每一个发展角落都体现生态的因素，对宏观、抽象的文明概念赋予更加具体鲜明的实践性特点。文明生态化要求在各种文明的建设过程中要达到生态系统中的各种要素和谐共生、公平公正和持续发展的有机统一，真正实现人与自然、人与人、人与社会和人与自身之间的和谐，实现自然生态系统的持续发展、自然与人类生态系统的和谐、人的全面发展和整个社会的现代化。

第五节　生态文明建设的重大意义

一、发展方式转型的必然要求

推进生态文明建设，不仅涵盖生态修复与再建、节约资源与环境治理等具体行动，更是一场关乎整个社会文明形态的深远变革。为实现这一目标，我们必须从转变全社会的生产方式和消费模式着手，确立并弘扬生态文明与绿色可持续的生产消费观念。

（一）生产方面

在生产领域，我国在工业化进程中以惊人的速度，仅用40余年的时间便走完了发达国家100余年的发展历程。如今，日益严峻的资源环境约束正逐渐成为制约我国经济社会可持续发展的关键因素。

首先，生产的能源资源消耗量巨大。

其次，在对能源资源的利用方面，我国人均能源拥有量和人均能源消费量低，开发利用的效率低。节约能源资源大有潜力可挖。

最后，自2003年以来，我国步入新一轮的经济增长周期。在这一时期，钢铁、水泥、汽车等作为工业化基础的行业经历了快速增长，产业结构的重型化特征明显。这种重型化产业结构对环境带来了压力。

在生态文明建设的道路上，我们必须深刻认识到，经济发展与环境保护不是水火不容的，而是可以和谐共生的。为了实现这一目标，我们必须立足循环经济，将经济增长方式转向高效率、绿色可持续的集约型增长。这不仅是对自然环境的尊重和保护，更是对未来可持续发展的深刻思考。同时，加大对节能环保、新能源汽车等战略性新兴产业的投入，推动产业的快速发展。这些战略性新兴产业的发展，不仅可以促进节能减排，提高竞争力，还可以提供新的就业机会，成为新的经济增长点。它们的发展将有力推动产业结构的转型和升级，为生态文明建设提供强有力的支撑。

（二）消费方面

消费方式表现为在一定消费理念指导下社会大众消费的整体状态。

在资源有限、环境压力日益加大的背景下，奢侈消费占用了大量的社会资源，加剧了资源的浪费和环境的恶化。中华民族历来崇尚勤俭节约，提倡物尽其用。生态文明强调人与自然的和谐共生，倡导绿色、低碳、循环的生活方式。

转变消费理念，调节消费结构，科学指导消费行为，倡导消费生态产品、绿色产品，逐步构建起有利于身心健康、节约资源的消费模式。在消费领域中，我们将强调"追求舒适生活，摒弃过度奢华，理性消费，反对过度浪费"这一理念，并将其作为我国生态文明建设的核心组成部分并加以推进。

二、文明形态升级的必然途径

生态文明建设的推进，对于我国发展战略的完善以及文明形态的提升，具有不可忽视的深远影响。具体而言，将生态文明建设纳入社会发展总体规划的战略高度，其长远意义主要体现在以下两个方面：

一是对我国传统发展观念的转变与完善。1987 年，党的十三大制定了"三步走"发展战略，到 21 世纪中叶使人均国内生产总值达到中等发达国家水平，实现人民生活富裕和现代化。生态文明建设的提出与实施，旨在补充和完善我国当前的发展战略目标，它将生态资源环境保护目标具体化，并将其纳入我国社会发展的总体规划中。这一举措将促进新时代发展战略的完善，为我国经济增长、社会发展、环境保护和文明建设提供更加全面和科学的指导。

二是对我国经济增长、社会发展模式的提升。生态文明建设旨在优化我国经济增长方式与发展模式，同时作为我国迈向生态文明的具体操作途径与实践过程，对于推动国家进入更高层次的文明形态具有至关重要的意义。

三、提升大国形象的必然选择

随着工业化和城市化进程的快速推进，全球范围内的气候变化和能源安全问题日益严峻。这促使绿色、循环、低碳的发展模式成为全球共识和国际潮流。

面对新的国际发展潮流和竞争态势，我们必须认识到只有切实推进生态文明建设，主动走绿色发展道路，才能有效控制温室气体排放的增长势头，提升我国产业产品在国际上的竞争力，并为应对全球气候变化做出积极贡献。这不仅是我国应对当前挑战的重要举措，也是树立负责任大国形象、争取战略主动的关键所在。

四、促进两型社会建设的重要契机

在现代社会中，资源节约和环境友好已经成为生态文明的两大核心特征，同时也是推动生态文明建设的内在要求。这两者相辅相成，核心目标之一就是构建一个以资源环境承载力为基础，以可持续发展为目标的资源节约型、环境友好型社会。这意味着我们需要从源头出发，合理规划资源的利用，确保在经济发展的同时，不损害环境的可持续性。这不仅是一个生态上的要求，更是一种对未来的深刻洞察和责任担当。为了实现这一目标，我们需要逐步建立一个良性运转的机制，促进生态建设、维护生态安全，我们需要转变传统的经济发展模式，转向绿色发展、循环发展、低碳发展。因此，推进生态文明建设是两型社会建设的重要契机。

第二章 中国生态文明建设现状

本章为中国生态文明建设现状，主要论述了以下四个方面，分别为我国自然资源与生态环境现状、发展与保护的关系探讨、我国发展的环境压力以及技术与机制方面的探索。

第一节　我国自然资源与生态环境现状

了解中国自然资源和生态环境状况这个基本国情，能够帮助我们认清中国生态文明建设的重点、任务、着力点，为生态文明建设的顶层设计、体制机制创新、模式探索、方式方法的选择提供依据。

一、我国自然资源现状

什么是自然资源呢？《辞海》对自然资源的定义为：指天然存在的（不包括人类加工制造的原材料）并有利用价值的自然物，如土地、矿藏、水利、生物、气候、海洋等资源，是生产的原料来源和布局场所。[①] 联合国环境规划署的定义为：在一定的时间和技术条件下，能够产生经济价值，提高人类当前和未来福利的自然环境因素的总称。[②] 我国著名经济学家于光远对自然资源的定义是：自然界天然存在、未经人类加工的资源，如土地、水、生物、能量和矿物等。[③]

根据上述关于自然资源的定义，我们可以明确以下三点：第一，自然资源首先是资源。资源指的是自然界和人类社会中一切可被开发和利用的物质、能量及信息的集合体。它存在于自然界的各个角落，亦渗透于人类社会的方方面面，是一种自然存在物或人类创造经济价值的宝贵"资产"。资源亦可以理解为自然界和人类社会中一种具有一定量累积的、可被用来创造物质与精神财富的客观存在形态。第二，自然资源是没有经过人类加工的天然存在物，因此，自然资源又可以称为天然资源。第三，自然资源可以直接或间接地满足人类需要，如空气、水、土地、森林、草原、野生生物、各种矿物和能源等，为人类提供生存、发展和享受的物质与空间。

---

① 宋伟，张城城.普通高等教育"十四五"规划教材：环境保护与可持续发展 [M].北京：冶金工业出版社，2021.

② 张卉.生态文明视角下的自然资源管理制度改革研究 [M].北京：中国经济出版社，2017.

③ 李艳丽.节能减排社会经济制度研究 [M].北京：冶金工业出版社，2010.

（一）国土资源

从广义上来说，国土资源是一个国家领土主权范围内所有自然资源、经济资源和社会资源的总称。狭义的国土资源是一个主权国家管辖范围内的全部疆域的总称，包括领土、领海和领空。我们通常所说的国土资源是就其狭义的国土资源而言的。国土资源是一个国家和人民生存和发展的基地和基础。地域和空间决定了一个国家特殊的国土资源。

我国陆地边界长达2万多千米，东邻朝鲜，北邻蒙古国，东北邻俄罗斯，西北邻俄罗斯、哈萨克斯坦、西邻吉尔吉斯斯坦、塔吉克斯坦、阿富汗、巴基斯坦，西南与印度、尼泊尔、不丹等国家接壤，南与缅甸、老挝、越南相连。同韩国、日本、菲律宾、文莱、马来西亚、印度尼西亚隔海相望。中国大陆海岸线长约1.8万千米。海岸地势平坦，多优良港湾，且大部分为终年不冻港。中国大陆的东部与南部濒临渤海、黄海、东海和南海。海域面积470多万平方千米。渤海为中国的内海，黄海、东海和南海是太平洋的边缘海。沿海岛屿共有6500多个。

1. 土地资源

我国土地资源的特点：一是土地总量大，人均占有量少。中国的国土面积位列世界第三，其面积与整个欧洲相当，但我国的人口基数庞大，达到了14亿。因此，在土地资源分配上，我国的人均占有土地面积仅达到世界人均水平的1/3。进一步分析土地利用结构，我国耕地、林地、牧草地的比例相对较小，且人均面积偏低。在全球范围内，农、林、牧用地的总面积占比达到了63.3%，而我国的这一比例仅为47.8%。与世界平均水平相比，我国的人均耕地面积为1.37亩（1亩≈667平方米），低于世界人均的4.52亩；我国的人均林地面积为1.8亩，也低于世界人均的13.6亩。这些数据清晰反映出我国土地资源的紧张现状，凸显了人多地少的矛盾的严峻性。

二是山地多于平地，耕地比例小。我国山地、高原、丘陵在土地总面积中的比重约69%，而平原和盆地的比重约31%。根据联合国粮农组织所公布的74个国家统计资料，我国的人均耕地和永久性农作物用地仅占世界人均拥有量的30%，在全球排名中位列第67位。在全球人口超过5000万的国家中，我国的人均耕地数量仅高于日本和孟加拉国，位列第24位。

三是土地资源地区分布不均衡。具体而言，超过 90% 的耕地和内陆水域主要集中于东南部地区，而超过半数的林地则集中分布于东北部和西南部地区。同时，中国超过 80% 的草地分布于西北部的干旱和半干旱地区。这种分布格局导致中国不同地区的人口承载力存在显著差异。东南部地区由于土地资源相对丰富，人口分布密集，人地关系相对紧张。这种地域性差异对中国的土地利用、人口分布和区域发展策略制定均产生了深远影响。

四是后备土地资源有限。中国农垦历史悠久，历经数千年发展，优质土地资源大多已被充分开发与利用，耕地后备资源的增长潜力相对有限。

五是水土资源不平衡。中国水资源的分布极不均衡。据统计，中国的人均水资源量仅相当于世界人均的 1/4，位列全球第 88 位。这一严峻的现实不仅揭示了我国在水资源方面的困境，也对我国未来的可持续发展提出了巨大的挑战。长江、珠江以及浙江、福建、台湾和西南诸河流域的水量占据了全国总水量的 82.3%。然而，这些雨量充沛的地区所拥有的耕地却仅占全国耕地的 36%。相对而言，黄河、淮河以及其他北方诸河流域的水量仅占全国总水量的 17%，其流域内的耕地却占全国耕地的 64%。这种水土资源的不匹配，使得中国在水资源的利用上面临着巨大的困难。而造成这一困境的主要原因在于中国处于季雨地带，水资源的时空分布极为不均衡。这意味着在雨季，大量的雨水会在短时间内涌入河流和湖泊，导致洪水频发；而在旱季，水资源则变得匮乏，使许多地区陷入缺水状态。这种季节性和地区性的缺水问题，不仅影响了农业生产的稳定性，也对居民的生活造成了困扰。

2. 矿产资源

截至 2022 年底，中国已发现 173 种矿产，其中能源矿产 13 种、金属矿产 59 种、非金属矿产 95 种、水气矿产 6 种。

自然资源部发布的《中国矿产资源报告（2023）》显示，2022 年，中国近 40% 矿产储量均有上升。其中，储量大幅增长的有铜、铅、锌、镍、钴、锂、锗、萤石、晶质石墨等。当前，我国矿产资源储量数据如下：石油 38.06 亿吨，天然气 65 690.12 亿立方米，煤层气 3659.69 亿立方米，页岩气 5605.59 亿立方米，煤炭 2070.12 亿吨，铁矿 162.46 亿吨，铜矿 4077.18 万吨，钨矿 299.56 万吨，金矿 3127.46 吨，铝土矿 67 552.6 万吨，锡矿 100.49 万吨，晶质石墨 8100.8 万吨，磷矿 36.9 亿吨，钾盐 28 788.7 万吨。2022 年全国新发现矿产地 132 处，其中大型 34 处、中型 51 处、小型 47 处。新发现矿产地数量排名前 5 位的矿种分别是水泥用灰岩（14 处）、建筑用花岗岩（14 处）、建筑用灰岩（11 处）、饰面用花岗岩（9 处）、煤炭（6 处）。

我国矿产资源的特点是：总量丰富，但人均占有量不足；支柱性矿产（如石油、天然气、富铁矿等）后备储量不足，部分用量不大的矿产储量较多；中小矿床多、大型特大型矿床少，支柱性矿产贫矿和难选矿多、富矿少，开采利用难度很大；资源分布与生产力布局不匹配，人口密集地区矿产资源贫乏，矿产资源主要分布在西部人口相对稀少地区。

（二）海洋资源

海洋国土，亦被称为蓝色国土，涵盖了沿海国家的内水、领海及所管辖的海域。中华民族在海洋资源的开发利用方面拥有悠久的历史，可以追溯到远古时期。据史书记载，古人已有"乘桴浮于海"的探险活动。至春秋时期，齐人已能充分利用东海的"渔盐之利"。后来，又有以我国为起点的海上丝绸之路，促进了与世界各国的经济文化交流。海洋资源包括海洋矿物资源、海洋生物资源、海洋化学资源、海洋动力资源、滨海砂矿资源五项。

1. *海洋矿物资源*

海洋矿物资源包括石油和天然气、煤铁等固体矿产、多金属结核和富钴锰结壳、热液矿藏和可燃冰等。中国海岸线绵长，海域辽阔，蕴含着丰富的海洋资源。据估计，中国临岸各海域的油气储藏量高达 50 亿吨，这一巨大的储量使中国有可能跻身世界五大石油生产国之列。这一发现不仅提升了中国在全球能源市场中的地位，更为其经济的持续快速发展提供了坚实的能源保障。与此同时，海洋也是中国的重要矿产资源库。迄今为止，已探明的海洋固体矿产有 20 多种，涵盖了铜、煤、硫、磷、石灰石等多种矿产。中国在海洋资源的勘探和开发上，也投入了大量的精力和资源。目前，中国已在太平洋调查了 200 多万平方千米的海域，其中 30 多万平方千米被认定为有开采价值的远景矿区。联合国更是批准了其中的 15 万平方千米区域作为中国的开辟区，用于进一步的海洋资源勘探和开发。值得一提的是，中国在南海和东海发现了可燃冰。可燃冰被誉为"21 世纪的新能源",其燃烧值高,污染小,是未来能源的重要发展方向。据测算,仅中国南海的可燃冰资源量就达 700 亿吨油当量,约相当于中国陆上油气资源量总数的一半。这一发现,无疑为身处全球能源危机中的世界带来了新的希望。

2. 海洋生物资源

中国海域跨温带、亚热带和热带三个气候带。大陆入海河流每年将约 4.2 亿吨的无机营养盐类和有机物质带入海洋,使海域营养丰富,海洋生物物种繁多,已鉴定的有 20 278 种。根据长期海洋捕捞生产和海洋生物调查,已经确认中国海域有浮游藻类 1500 多种,固着性藻类 320 多种,海洋动物 1.25 万种。

3. 海洋化学资源

在我国沿海地区,有许多地方拥有丰富的含盐量高的海水资源。以南海的西沙群岛、南沙群岛为例,这里沿岸水域年平均盐度就高达 33%~34%。不仅如此,我国沿海地区还分布着大量的地下卤水资源。以渤海湾、莱州湾沿岸的滨海平原为例,这里分布着大量的高浓度地下卤水资源。其中,莱州湾地区的卤水总净储量达到了惊人的 74 亿立方米,含盐量更是高达 6.46 亿吨,含氯化钾量为 0.15 亿吨。渤海湾地区的卤水储量也不容小觑,仅天津市就分布着约 376 平方千米的卤水资源,储量达到了 6.24 亿立方米,含盐量更是高达 0.27 亿吨。

这些丰富的海水和地下卤水资源不仅具有很高的经济价值,还有着广阔的应用前景。例如,这些资源可以用于制盐、制碱、提取溴素等多种化工产品的生产,对于推动沿海地区经济的发展具有重要意义。同时,这些资源还可以用于农业灌溉、水产养殖等领域,为农民和渔民提供了更多的生产方式和收入来源。

4. 海洋动力资源

潮汐能是一种可再生的清洁能源,主要利用月球和太阳引力引起的潮汐现象进行发电。我国大陆沿岸的潮汐能资源蕴藏量高达 1.1 亿千瓦,年发电量预计可达 2750 亿千瓦时。其中,浙江和福建两省的潮汐能资源尤为丰富,约占全国总量的 80%。这些地区的潮汐能开发潜力巨大,对于推动当地经济发展和环境保护具有重要意义。除了潮汐能,我国海洋的波浪能资源也很可观。据统计,我国波浪能的总蕴藏量约为 0.33 亿千瓦,主要分布在广东、福建、浙江、海南和台湾附近的海域。海洋潮流能是另一种重要的海洋能源,我国沿海 92 个水道分布着丰富的海洋潮流能资源,可开发的装机容量高达 0.183 亿千瓦,年发电量约 270 亿千瓦时。此外,按照海水垂直温差大于18℃的区域估计,我国可开发的海洋温差能面积约3000平方千米,可利用的热能资源量约1.5亿千瓦。这些资源主要分布在南海中部海域,具有巨大的开发潜力。这些资源的开发将为我国能源结构的多元化和清洁能源的发展提供有力支持。

5. 滨海砂矿资源

我国滨海砂矿资源种类丰富,数量庞大,堪称全球滨海砂矿资源的宝库。据统计,我国滨海砂矿资源的种类多达60种以上,几乎涵盖了世界上所有已知的滨海砂矿种类。这些珍贵的资源包括钛铁矿、锆石、金红石、独居石、磷石矿、磁铁矿等。在储量方面,我国滨海砂矿探明储量达到了15.25亿吨。其中,滨海金属矿的储量为0.25亿吨,非金属矿的储量为15亿吨。在这些滨海砂矿资源中,海积砂矿占据了主导地位。海积砂矿是由海水长期冲刷、搬运、沉积而形成的,其储量丰富,品质优良,具有很高的经济价值。除了海积砂矿,海、河混合堆积砂矿也是我国滨海砂矿的重要类型之一。这类砂矿通常位于河流与海洋交汇的地方,由河流和海洋共同搬运、沉积而成。我国滨海砂矿多数以共生形式存在,即多种矿物在同一个矿床中共生。这种共生现象不仅增加了我国滨海砂矿资源的多样性,也为矿产资源的综合开发利用提供了便利。

(三)能源资源

能源资源指的是在当前社会经济技术发展的背景下,能够为人类提供充足能量的物质资源和自然过程。这些资源包括煤炭、石油、天然气等化石能源,也包括风、河流、海流、潮汐等可再生能源,以及草木燃料和太阳辐射等自然能源。我国能源资源的特点是总量比较丰富,人均能源资源拥有量较低,能源资源赋存分布不均衡,能源资源开发难度较大。

1. 能源资源总量丰富

中国的化石能源资源十分丰富。在众多的化石能源中,煤炭无疑占据主要地位。2022年经探明的数据显示,我国的煤炭保有资源量为2070.12亿吨,两相对比,石油和天然气稍显不足。但非常规化石能源,如油页岩和煤层气等储量还是相当可观。

中国拥有较为丰富的可再生能源资源。水利部提供的数据显示,截至2018

年底，全国水电装机容量达 35 226 万千瓦，年发电量 12 329 亿千瓦时，分别占全国电力装机容量和年发电量的 18.5% 和 17.6%，年均增长率分别为 9.8% 和 10.3%，分别占全球的 27% 和 28%，继续稳居世界第一。

2. 能源资源人均拥有量低

中国的人口规模庞大，这导致了在人均能源资源拥有量上，我国在全球范围内处于相对较低的水平。尽管我国拥有丰富的煤炭和水力资源，但人均拥有量只有世界平均水平的一半，这意味着我国在满足日益增长的能源需求时面临着巨大的挑战。同时，我国的石油和天然气人均资源量更是仅为世界平均水平的 7%，这进一步体现了我国对外部能源供应的依赖。更为严峻的是，我国的人均耕地资源也不足世界人均水平的 1/3，这也对我国生物质能源开发造成了极大的制约。

3. 能源资源分布不均衡

中国的能源资源分布广泛，但存在不均衡的现象，这直接影响了能源的消费和运输。具体来说，煤炭资源主要集中在华北和西北地区，这些地区的地质条件有利于煤炭的形成和保存。水力资源则主要分布在西南地区，尤其是长江、黄河等大河的上游地区，这些地区的水源充沛，地势落差大，有利于水电站的建设和运营。而石油和天然气资源则主要储存在东、中、西部地区和海域。然而，与能源资源的分布相比，中国的能源消费地区主要集中在东南沿海经济发达地区。这些地区经济发达，人口密集，对能源的需求量大，但本地能源资源相对匮乏。为了满足能源需求，中国不得不进行大规模、长距离的能源运输。因此，北煤南运、北油南运、西气东输、西电东送，这些是中国能源流向的显著特征和能源运输的基本格局。正是通过这些大规模的能源运输，中国实现了能源在全国范围内的优化配置，保障了经济社会的持续健康发展。

4. 能源资源开发难度较大

同世界其他国家相比，中国煤炭资源地质开采条件具有一定的复杂性。煤炭资源是中国最主要的能源之一，但由于较难开采，多数煤炭资源需要通过井工开采，这意味着需要投入大量的人力、物力和财力进行地下矿井的建设和维护，只有极少量的煤炭资源可供露天开采。石油和天然气资源的地质开采条件同样复杂。这些资源大多埋藏较深，勘探开发技术要求较高。为了获取这些资源，不仅需要先进的勘探技术，也同样需要大量的资金投入。此外，由于石油和天然气资源的分布不均，使得运输和管道建设也面临诸多挑战。中国未开发的水力资源主要集中在西南部的高山深谷地区。这些地区地势险峻，交通不便，因此，其开发难度较大，开发成本较高。同时，由于这些地区远离负荷中心，电力输送也是一个难题。页岩气、煤层气、生物质能等资源的开发利用还处于初级阶段。

（四）生物资源

中国是世界上生物多样性最丰富的 12 个国家之一。中国有高等植物 3 万多种、脊椎动物 6347 种、真菌种类 1 万多种，分别约占世界总数的 10%、14% 和 14%，其中高等植物拥有种类数居世界第三位，陆生生态系统类型有 599 类。中国不但野生物种和生态系统类型众多，而且具有繁多的栽培植物和家养动物品种及其野生近缘种。我国作为世界上重要的农业起源地，拥有丰富的农作物和果树资源。水稻、大豆等农作物的起源可以追溯到我国，这些作物在我国古代就已经开始种植，为我国的农业发展奠定了坚实的基础。同时，我国也是野生果树和栽培果树的主要起源中心，果树种类繁多，品质优良，如苹果、梨、桃、杏等。据不完全统计，我国有栽培作物 1339 种，其野生近缘种更是高达 1930 种，果树种类数更是居世界第一位。这些丰富的农作物和果树资源，不仅为我国的农业发展提供了源源不断的动力，也为我国的食品加工业、出口贸易等领域带来了可观的经济效益。除此之外，我国还是家养动物品种最丰富的国家之一。据统计，我国有家养动物品种 276 个，其中包括猪、牛、羊、鸡、鸭等多种家禽家畜。这些家养动物品种不仅数量众多，而且品质优良，适应性强，深受国内外市场的欢迎。中国生物特有属、特有种众多，动植物区系起源古老，珍稀物种丰富。

中国生物多样性丰富独特，具备以下显著特点：

1. 物种丰富

中国是世界上生物种类最丰富的国家之一，特别是在高等植物和脊椎动物方面。中国有超过 3 万种的高等植物，种类繁多，形态各异。世界上裸子植物共计 15 科 850 种，中国就占了 10 科 250 种，是世界上裸子植物种类最多的国家。这些裸子植物，如银杏、水杉等，不仅具有极高的生态价值，也是植物学研究的宝贵资源。在脊椎动物方面，据统计，中国拥有 6347 种脊椎动物，约占全球脊椎动物种数的 14%。从鱼类、两栖类、爬行类到鸟类和哺乳类，每一种都承载着独特的生物进化历史和生态功能，构成了复杂而精密的生态网络。

2. 特有种繁多

高等植物中特有种最多，约 17 300 种，占中国高等植物总种数的 57% 以上。6347 种脊椎动物中，特有种 667 种，占 10.5%。

3. 生态系统丰富多样

在中国这片古老而富饶的土地上，我们可以看到各种各样的生态景象，从茂密繁盛的森林到独特的灌丛，再到辽阔无垠的草原和稀树草原，以及充满生机的草甸、荒漠和高山冻原。除了陆生生态系统，中国的海洋和淡水生态系统类型也很齐全。从浩渺的海洋到蜿蜒的河流，从广阔的湖泊到深邃的沼泽，中国的水域生态系统同样丰富多彩。陆生生态系统展示了中国自然环境的多样性，反映了中国气候和土壤条件的丰富变化，海洋和淡水生态系统为众多水生生物提供了栖息地，也在调节气候、净化水质、维护生态平衡等方面发挥着重要作用。

二、我国生态环境现状

（一）水资源现状

1. 水资源短缺

水是人类生存与生物繁衍不可或缺的重要物质条件，是工业与农业生产、经济发展以及环境改善过程中不可替代的极为珍贵的自然资源。随着社会的进步和经济的发展，水资源的短缺、污染影响着我们的生产生活。

中国的人均占有淡水量为世界平均水平的 1/4。水资源短缺尤以北京为甚，北京的人均淡水占有量是全国平均水平的 1/10，世界平均水平的 1/40。

中国水资源的地区分布极不均衡。长江流域及其以南地区，虽仅占全国国土面积的 36.5%，却拥有高达全国 81% 的水资源。相比之下，该区域以北的广大地区，尽管国土面积占据全国的 63.5%，其水资源量却仅占全国总量的 19%。

2. 水资源污染

中国七大江河水系均有污染，其中，尤以三河三湖（淮河、海河、辽河，太湖、巢湖、滇池）为甚。

3. 水资源浪费

我国水资源利用效率较低。水是影响世界经济发展和人民生活水平提高的重要资源，水资源缺乏问题是当前和 21 世纪中国社会经济可持续发展最突出的问题之一。面临越来越严峻的形势，如何找出一条合理可行的解决水资源危机问题的出路，已是当前亟待解决的重要课题。

（二）大气污染

目前，我国大气中悬浮颗粒物（TSP）和可吸入颗粒物（PM10）的浓度偏高。部分地区臭氧含量超出标准限值，而部分大城市氮氧化物浓度也偏高，这些都是需要我们关注的环境问题。

因为我国城市人口密度高以及人均绿地面积相对较少，大气中细菌含量偏高。

燃煤是形成我国大气污染的根本原因。在我国的能源结构中，煤炭占比居高不下。这也就导致了我国煤烟型污染较为严重。

（三）噪声污染

我国的环境噪声污染主要来源于交通噪声、建筑施工噪声、工业噪声和社会生活噪声这四大类（表 2-1-1）。

表 2-1-1　主要环境噪声源影响典型参数

噪声源类型	交通噪声	建筑施工噪声	工业噪声	社会生活噪声	其他噪声
等效声级 dB（A）	68	62	61	56	53
能量比例	81%	5%	6%	7%	1%
面积比例	34%	7%	9%	40%	10%

（四）固体废弃物污染

固体废弃物，也称为固体废物，是指源自生产与生活中产生的固态及泥状物质。根据来源划分，其主要包括工业废物、矿业废物、农业废物、城市生活垃圾以及放射性及传染性废物等。对固体废物的有效管理，旨在控制其对环境的污染，并实现其资源化利用。随着生产与生活的不断进步，固体废物的成分日趋复杂，排放量也逐年攀升，已成为全球范围内亟待解决的重要问题。

（1）城市

随着城市化进程的加速和人口规模的不断扩大，城市垃圾的产生量也在迅猛增长。工业生产过程中产生的废弃物和矿山开采后留下的尾矿，往往含有大量的有毒有害物质，如果不加以妥善处理，很容易对周围大气、水源和土壤造成污染，进而影响人们的健康。城市固体废弃物已经成为世界性的大公害污染源。

（2）农村

农民的居住相对分散，不像城市那样集中，这使得农村固体废弃物的分布范围广泛，数量庞大，难以进行集中治理。

（五）生物污染

生物污染，其危害范围之广、影响之深不可小觑。生物污染对生物多样性的影响是深远的，它威胁着生态系统的平衡和稳定，导致本土物种数量的减少甚至灭绝。这些外来生物如同无形的侵略者，悄然改变着我们的生态环境，形成了所谓的"生物污染"。

随着人类贸易、旅行和其他活动的日益频繁，山脉、海洋等自然边界的作用逐渐被削弱。外来生物通过各种途径进入新的生态系统，由于缺乏天敌或竞争对手，它们往往迅速繁殖，成为当地的"霸主"。从欧洲的野兔泛滥成灾，到澳大利亚的袋鼠泛滥成患，再到亚洲的红火蚁入侵农田，这些现象都是生物污染的具体表现。外来生物不仅破坏了当地的生态系统平衡，还对农业、林业等经济领域造成了巨大的经济损失。

第二节　发展与保护的关系探讨

表面上，经济发展与环境保护之间看似矛盾，但二者之间是一种辩证统一的关系。如果将二者彼此孤立地看待，那么环境保护必然是对于经济发展的一种束缚，因为其中的生态资源会制约经济的发展，经济发展的负效应也会对环境造成破坏。如果将二者置于一种共同体的角度看待，那么良好的环境、丰沛的资源会带来更多的生产资料和培养更高素质的劳动力资源。因此，我们应该看到，经济发展必然是以一定的自然资源为基础的，对于资源禀赋的合理开发利用，是对经济发展的一种促进、支持和保障。

诺贝尔奖经济学奖得主库兹涅茨提出一种理论，用以研究人均收入与分配公平性之间的关系。他观察到，随着经济的增长，收入分配的不平等程度会先上升后下降，呈现出一种倒"U"形的曲线形态。这一理论后被称为库兹涅茨曲线。美国普林斯顿大学的格罗斯曼和克鲁格等经济学家，应用库兹涅茨曲线的原理来分析环境质量与经济增长的关系，发现在部分地区环境污染物（如颗粒物、二氧化硫等）排放总量与经济增长也具有倒"U"形曲线关系，于是便诞生了"环境库兹涅茨曲线"假说。

　　环境库兹涅茨曲线假说认为，一个国家的经济发展水平与环境污染程度之间的关系呈现为一个开口向下的抛物线（图 2-2-1），即随着一个国家经济发展水平的提高，其环境污染程度也在不断地增加。当一个国家经济发展水平较低的时候，环境污染程度较轻；当经济发展到一定水平时，环境污染就达到抛物线的顶点，我们称之为环境污染程度的临界点或拐点；此后随着经济发展水平的进一步提升，其环境污染程度逐渐减缓，环境质量逐渐得到改善，这种现象所遵循的演进曲线被称为环境库兹涅茨曲线。

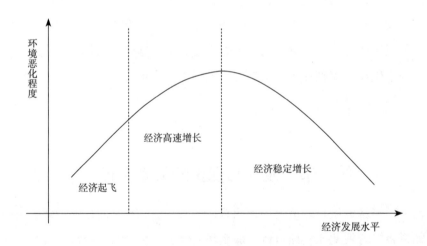

图 2-2-1　环境库兹涅茨曲线

　　环境库兹涅茨曲线的运行规律，在理论上反映的是自然经济发展的一个过程。农业文明时代，经济的发展以农业为支撑，对环境的污染较少；当步入工业文明时代，清洁的农业经济转向污染严重的工业经济；到后工业时代，工业文明被绿色生态文明所取代，这种污染严重的经济模式又更替为较为清洁的服务经济，这就是理论上倒"U"形环境库兹涅茨曲线的运行机理。而现实中,经过发达国家的经济进步与工业化历程的验证,该理论展现了其科学性。关于经济发展与环境改善间拐点的出现,其核心原因在于当经济发展至特定阶段,公众对环境的关注度显著提升,促使国家实施更为严格的环境保护标准。同时,多年的经济发展也推动了产业结构的优化升级和清洁技术的广泛应用。

结合我国经济发展的实际来看,我国也无法脱离从农业大国向工业大国转型的过程,这个过程也是符合整个世界工业化进程的。因此,在理论上,我国经济的发展也无法背离环境库兹涅茨曲线的作用规律。

从理论层面来说,这个假说过于简单,没有考虑到科技进步、污染转移、环境极限等重要因素对模型效度的影响。从实证角度看,经济发展与环境污染的变化也有许多其他的形状呈现。这样一来,环境库兹涅茨曲线的拐点是否存在,将在哪里出现,都将难以确定。如果存在的话,到底在什么条件下出现拐点,也只有一个大概范围。同时,理论上的推演,始终无法回避现实问题。

考虑到我国经济发展的不平衡,对于环境库兹涅茨曲线规律发生的作用可以在区域范围内进行讨论。就我国东部地区而言,其发展态势已逐渐趋近于环境库兹涅茨曲线的临界点;然而,对于西部或其他经济相对落后的地区,谈论拐点尚显过早。因此,经济增长与环境问题仍将是我国在较长时间内必须正视的重大挑战。

第三节 我国发展的环境压力

一、工业化、城镇化下的环境压力

完成工业化进入后工业化阶段,其主要指标是人均国内生产总值超过 11 170 美元;农业在三次产业结构中的比重小于 10%,而且第三产业的比重高于第二产业;农业就业人口比重小于 10%;城市化水平超过 75%。

党的二十大提出,到 2035 年基本实现新型工业化,强调坚持把发展经济的着力点放在实体经济上,推进新型工业化。可以看出,我国经济总体进入了工业化后期和城镇化的重点跨越阶段。工业化、城镇化"双轮驱动"战略给环境治理带来了前所未有的压力。

二、生产方式转变下的环境压力

当前，我国创新发展、绿色发展正进行到深入阶段，产业结构也日趋合理，但彻底的转换还需要相当长的过程，而且这个过程会越来越艰难。在未来几年中，产业和能源结构调整所带来的短期阵痛仍将持续存在，化解落后产能依然是我们的主要任务。同时，环境保护与发展方式转变、结构调整等战略任务仍将处于相持阶段，需要我们持续努力推进。

第四节　技术与机制方面的探索

一、科学技术与生态文明建设

（一）科学技术的重要作用

1.推动产业结构优化

在全球工业化浪潮之下，各国在经济体系建设方面致力于探索稳健、可持续的增长道路。在这一进程中，产业结构的优化与升级是实现绿色发展的关键动力，其不仅是经济模式的调整，更是对资源高效利用、环境保护以及社会可持续发展的深度思考与实践。纵观历史，无论发达国家还是发展中国家，经济的腾飞均离不开产业结构的不断演进。从农业主导的传统经济，到工业和服务业的崛起，再到高新技术产业成为经济增长的新引擎，产业结构的每一次跃升都为经济繁荣注入了新的活力。在影响产业结构的诸多因素中，科技创新与发展占据着至关重要的地位。科技进步推动了生产方式的变革，提高了生产效率，为新兴产业的崛起提供了强大的技术支撑。因此，产业结构的优化与升级在推动绿色发展方面具有重要作用。科学技术在促进产业结构优化方面扮演着举足轻重的角色。随着科技的持续进步，它不仅改变了传统的生产方式，更推动了产业结构的深刻变革。过去，产业的发展高度依赖于大量的人力和物力投入，生产效率相对较低。然而，随着科技的不断创新，越来越多的自动化设备和智能化系统被应用到生产过程中，极大地减少了对体力劳动的需求。同时，新型材料和高效能技术的应用也大幅减少了物质资源的消耗。这种转变不仅提高了生产效率，还使产业更加环保和可持续。随着信息技术的迅猛发展，数据处理、人工智能、大数据分析等新兴领域逐渐崭露头角。这些领域对人才的需求更加偏向于具备创新思维和专业技能的脑力劳动者。因此，产业结构逐渐从劳动密集型向知识密集型转变，实现了产业结构的优化和升级。此外，科技的飞速发展也有效促进了新兴产业及部门的诞生。每当科技取得重大突破，都会带来新的市场需求和商机。生物技术的突破也为医疗、农业等领域带来了革命性的变革，推动了相关产业的快速发展。

2. 确保实现可持续发展

生态可持续发展作为绿色发展的基石，其重要性不言而喻。在推进绿色发展的过程中，我们必须坚持以保护自然为前提，确保各项经济活动与资源和环境的承载能力相协调。同时，科学技术作为推动可持续发展的强大动力，应当得到充分的重视和应用。通过科技创新和进步，我们可以更有效地实现资源的合理利用和环境的保护，从而推动经济社会的可持续发展。

首先，科技进步是实现人类社会可持续发展的有力保障。随着人口规模的不断扩大和经济的快速增长，人类对资源的需求呈现出日益增长的趋势。然而，我们必须清醒地认识到地球资源的有限性。在数量、质量、时间、空间、结构、资金以及环境容量等各个维度上，我们都面临着严峻的挑战。在这一背景下，科技进步成为提升资源利用效率的关键。科技进步可以使人们更有效地利用现有资源，为更多的生产和经济活动提供可能。借助先进的回收技术和再生材料的研究，我们能够将废弃物转化为有价值的资源，实现资源的循环利用。这不仅有助于降低资源消耗，还能减少环境污染，为人类的可持续发展提供强有力的支持。

其次，在环保事业的推进过程中，科学技术扮演了不可或缺的角色。正是由于科技的不断创新，我们在环境监测、治理与修复等多个环节取得了长足进步。得益于高精尖的仪器设备和先进的实验方法，我们能够快速掌握环境中有害物质的详细信息，如种类、浓度和分布情况，进而为环境治理措施的制定提供有力的科学支撑。随着生态学研究的不断深入，我们更加清晰地认识到生态系统间的相互关联和依存，明白了保护生态的重要性。生态系统内部结构与功能的细致研究使我们意识到生物多样性、生态平衡等要素在维护地球生态系统稳定中扮演着举足轻重的角色。因此，在环保工作中，我们必须致力于保护生物多样性、恢复生态系统功能，以实现人与自然的和谐共生。此外，科技的快速发展也催生了清洁生产技术和绿色生产方式的广泛应用。随着环保意识的逐渐增强，越来越多的企业开始采纳清洁生产技术和绿色生产方式，以降低生产活动对环境的负面影响和资源的消耗。我们应把科技进步作为保护人类生存环境的重要动力，持续推动其在环保领域的应用与发展。同时，我们还需加大环境科学、生态学等领域的研究与创新力度，充分挖掘科技在环保领域的巨大潜力，为实现人与自然和谐共生贡献更多的力量。

3. 夯实社会健康发展基础

科学技术是人类社会发展的强大引擎，不仅在物质文明建设和经济发展中发挥着决定性作用，还在精神文明建设和社会进步中扮演着关键角色。在人类历史的长河中，科学技术一直是社会可持续发展的坚实基础和社会文明进步的重要动力，不断推动人类社会向前迈进。

（1）科学技术是社会文明进步的重要支柱

社会文明进步与科学技术的关系紧密相连，科技的每一次革新都在为社会的进步开辟新的道路，成为社会文明发展的强大动力。科技的进步与社会文明的发展之间，存在着一种明显的正相关关系，科技越发达，社会文明的发展程度也就越高。18世纪60年代，以蒸汽机的广泛应用为标志的第一次技术革命如同一把钥匙，打开了工业社会的大门。这场技术革命极大地推动了社会生产力的提升，使人类从依赖自然力量的农业社会逐步跨入了以机器生产为主的工业社会。这个转变，不仅极大地提高了生产效率，也改变了人们的生活方式，推动了社会文明的进步。随后，19世纪后半叶，以电力应用为特征的第二次技术革命如期而至。这次革命不仅加速了社会生产力的发展，更使科学技术在资本竞争中占据了重要地位。电力的广泛应用，使工业生产得以大规模扩张。20世纪50年代，第三次技术革命的兴起，更是将生产力的发展推向了前所未有的高度。这次革命以电子信息技术为主导，以数字化和网络化为特征，不仅广泛渗透到传统产业中，还催生出许多新兴产业，为社会经济发展注入了新的活力。如今，科学技术已经渗透到人类生活的方方面面，成为现代社会不可或缺的一部分。在现代社会，科技的发展速度日益加快，各种学科之间的交叉、渗透和融合日益加深，推动了新技术的不断涌现。这些新技术的出现，不仅改变了人们的生活方式，也推动了社会文明的进步。

（2）科学技术为精神文明建设提供了丰富的内容

科技是人类探究世界和改变世界不可或缺的工具，它推动了社会生产力的飞速发展，并在更深层次上塑造了人类的思维方式和认知能力。科技对于人类的世界观、人生观以及价值观均产生了广泛而深远的影响。在远古时代，人们的世界观大多来源于直观的感官体验，但随着科技工具的出现和应用，人类开始逐步揭开宇宙的神秘面纱，对世界的认识不断加深。同时，科技也在改变着我们的生活方式和思维模式，进而影响了我们的价值观和人生观。从古代到现代，自然科学的发展历程始终保持着不断上升的趋势。未来，随着科技的持续进步，人类对世界的认知和理解必将更加深入和全面。

（二）科学技术与绿色发展

科学技术是第一生产力，是推动人类发展的直接动力。然而，科学技术在不同的时代发挥着不一样的作用。具体而言，科学技术的色彩在农业文明时代呈现为黄色，在工业时代呈现为黑色，在生态文明时代呈现为绿色。随着科技的飞速发展，其对经济、生态以及社会绿色发展的推动作用日益凸显。然而，正如一枚硬币有两面，科技的应用也需我们审慎对待。科技的进步为我们带来了无数的利益，但与此同时，也引发了一系列问题。在资源开发领域，科技的进步使我们能够更深入地探索和利用自然资源，使许多曾经难以触及的资源得以开发利用。然而，这也导致了人类对资源的过度开发和滥用。在文化领域，科技的进步极大地丰富了我们的精神生活。互联网、数字技术等的发展使得我们能够便捷地获取和传播信息，促进了文化的交流和融合。在推进科技发展的同时，我们必须充分考虑其可能带来的负面影响，并寻求相应的应对策略。

绿色发展观强调人类与自然的和谐共生，追求经济、社会、生态的全面发展，致力于推动生态文明和可持续发展的实现。绿色技术创新模式从全局的战略高度出发，注重资源的节约和再利用，加强环境保护，推动循环发展，其摒弃了传统的高消耗、高成本、重污染的技术和产品，依据生态学的思想将生态效益作为技术创新的目标之一，不再仅仅关注经济增长，而是将经济发展、社会稳定和生态平衡视为一个有机整体，致力于实现三者之间的和谐统一。这种创新模式不仅有利于当前的可持续发展，更对人类的未来发展和地球的生态平衡具有深远意义。

由传统技术创新向绿色技术创新的转变，不仅是经济社会发展的明智选择，更是对生态文明建设的积极推动。在生态文明建设日益受到重视的时代背景下，绿色科技成为推动社会和谐、实现绿色发展的关键要素，其致力于消除工业文明带来的负面影响，保护和修复生态环境。绿色科技的应用不仅有助于减少资源消耗和环境污染，还能推动经济的可持续发展。同时，绿色科技也是各类社会主体在生态文明建设、和谐社会构建以及生态责任履行上的重要选择。政府、企业、科研机构以及广大民众都应积极参与到绿色科技的研发和应用中。历史和实践均证明了绿色科技在节约资源、保护环境的同时，也能实现多方共赢，为可持续发展注入新的动力。因此，我们应坚定信心，积极推动绿色技术创新，为经济社会的可持续发展和生态文明建设做出积极贡献。

二、绿色科学技术创新探索

在 21 世纪，我国正努力建设以绿色科技为技术保障的绿色社会，致力于保护环境和节约资源。通过采用先进的技术手段，绿色科技在生产过程中显著减少了废弃物排放和能源消耗，从而极大地减轻了环境的压力。绿色科技的应用，不仅让自然环境有了恢复的机会，还为人类与自然的和谐共生提供了有效途径。与此同时，绿色科技在经济效益、生态环境效益和社会效益之间积极地寻找平衡点，为产业升级和能源结构调整提供了有力支持。在绿色科技的推动下，新型经济模式如零排放、清洁生产、低碳经济和循环经济等应运而生，为实现无废物技术的目标打下了坚实的基础。科技的进步不仅推动了生产方式的变革，也使我们更加科学和合理地开发和利用资源。在绿色科技的引领下，通过循环利用、节能减排等方式，能够有效缓解资源稀缺问题。这种绿色、低碳的生产方式不仅提高了资源利用效率，更为实现资源的可持续利用创造了可能性。

政府需要提高在绿色科技生态责任方面的行政管理能力，要不断完善相关的法律法规，制定严格的环保标准，并加大对企业的监管和执法力度。政府还需要加强对绿色科技的宏观调控和支持，鼓励企业加大对绿色科技的投入。同时，政府还应该建立健全绿色科技创新体系，加强与国际先进科技的合作与交流，推动我国绿色科技水平的不断提高。只有政府、企业和社会各界共同努力，才能够推动绿色科技的广泛应用和发展，实现经济可持续发展与环境保护的双赢局面。

三、生态文明建设机制方面的探索

我们需要重新审视工业生产的全过程，实现污染控制与生产过程控制的紧密结合。首先，企业应该从源头上减少污染物的产生，通过采用先进的生产工艺和设备，提高资源利用效率，减少废弃物的排放。其次，在生产过程中，企业应该加强废弃物的分类和回收，实现资源的再利用，减少对环境的影响。最后，在废弃物处理和处置方面，企业应该采用更加环保和经济的方法，降低处理成本，减轻环境负担。总之，实现生产全过程和污染治理过程的双重控制，是实现环境保护目标的重要途径。我们应该从源头上减少污染物的产生，加强废弃物的回收和再利用，提高处理效率和处理质量，共同推动工业生产与环境保护的协调发展。

成熟且独立的公众舆论环境对于环保信息的公开与透明以及环保工作的推进与实施均起着重要的监督与推动作用。

在节能减排方面，基于市场的激励机制，不仅激励了企业进行技术创新，减少了生产成本，同时也促进了消费者对节能环保产品的需求，从而形成了良性的循环。对于政府而言，节能减排不仅有助于提升环境质量，塑造良好的国家形象，还能推动绿色产业的发展，为社会创造更多的就业机会；对于企业而言，采用先进的节能技术和设备，不仅有助于降低生产成本，提高市场竞争力，还能赢得消费者的青睐，进一步扩大市场份额；对于个人而言，节能减排意味着更健康、更环保的生活环境，同时也能够通过选择节能产品，降低生活成本，实现绿色消费。

第三章 中国生态文明建设的战略定位

本章为中国生态文明建设的战略定位,主要针对"可持续发展"理念下的生态文明建设、"四个全面"战略布局下的生态文明建设、"五位一体"总体布局下的生态文明建设以及"美丽中国"生态目标下的生态文明建设进行详细的论述。

第一节 "可持续发展"理念下的生态文明建设

一、"可持续发展"理念下生态文明建设的起源与发展

第二次世界大战后，全球人口数量的急剧增长与西方工业化的迅速推进共同推动了经济规模的空前扩张。这个时期，工业生产方式和人类中心主义价值观占据主导地位，虽然人们在物质财富的积累上取得了显著成就，但同时也对自然资源和生态环境造成了前所未有的破坏。人类对自然资源的过度开采和滥用，导致许多资源逐渐枯竭。与此同时，工业化进程的加速带来了大量的污染物排放，严重污染了空气、水源和土壤。这些污染不仅对人类健康构成直接威胁，还破坏了生态系统和生物多样性。工业废水排放导致河流湖泊受到污染，鱼类和其他水生生物因此大量死亡。森林的消失和湿地退化加剧了水土流失和干旱缺水的问题。森林的过度砍伐和湿地的破坏导致土壤侵蚀严重，土地退化，进而加剧了干旱和洪涝灾害的发生。这些灾害给人类带来了巨大的经济损失，并严重威胁到人类的生存和发展。自20世纪30年代起，欧美日等发达国家在工业化的浪潮中取得了巨大的经济成就。然而，这些辉煌的背后却隐藏着严重的环境污染问题。1962年，美国女学者蕾切尔·卡逊的《寂静的春天》一书出版。该书以系统的分析和深入的见解，向人类揭示了环境问题的严重性和紧迫性。《寂静的春天》的出版引起了巨大的反响，其被誉为生态学新时代的开启之作，为全球环境保护运动的开展奠定了坚实的基础。

1972年6月5日，联合国在瑞典首都斯德哥尔摩召开了首次全球范围的人类环境会议，此次会议有来自113个国家的代表参与。在中国周恩来总理的积极推动下，中国政府代表团也参与了此次会议，这标志着中国在恢复联合国合法席位后，正式涉足国际多边事务。会议经过深入的讨论与交流，最终通过了具有里程碑意义的《人类环境宣言》，将"为了这一代和将来的世世代代的利益"作为各国共同追求的价值准则。此宣言的通过，不仅为全球环境保护事业奠定了坚实的

基础，也标志着国际环境保护合作新时代的开启。为此，联合国大会决定将每年的 6 月 5 日设为"世界环境日"，以此来唤起全球民众对环境保护的关注与重视。

自 1972 年联合国人类环境会议首次聚焦环境问题以来，全球各国纷纷采取行动，致力于应对污染和生态保护问题。环境问题的频繁发生不仅严重破坏了自然生态系统，更对人类的生存环境构成了严重威胁。1980 年，联合国认识到了环境保护与可持续发展之间的重要性，因此发起了一项全球性的倡议。该倡议的主要目标在于深入探讨和理解自然、社会、生态、经济等多个领域之间的基本关系，以确保全球的可持续发展。此次行动不仅体现了联合国对全球环境问题的关注，更标志着国际社会对于可持续发展的共识逐渐形成。联合国于 1983 年成立了世界环境与发展委员会，并选定了挪威前首相布伦特兰担任委员会主席。布伦特兰女士以其卓越的政治智慧和领导力，带领全球各领域的专家团队，深入研究环境与发展的关系，力图寻找一条既能满足当代人需求，又不损害后代人发展权益的道路。经过数年的深入研究和广泛讨论，世界环境与发展委员会于 1987 年发布了题为《我们共同的未来》的研究报告。该报告首次提出了可持续发展的概念，迅速在全球范围内引起了广泛的关注和讨论。可持续发展强调，在满足当代人需求的同时，必须确保不对后代人的发展需求造成负面影响。这意味着，发展必须在可持续的前提下进行。可持续发展概念的提出，不仅从理论上消除了发展经济与保护环境之间的对立，还揭示了二者之间存在的内在规律和互为因果的关系。

1992 年，在巴西的里约热内卢，一场具有划时代意义的会议——联合国环境与发展大会隆重召开。这次大会的成员包括全球 183 个国家和地区的代表，会聚了 102 位国家元首或政府首脑，共同探讨人类发展与环境保护的未来之路。时任中国国务院总理李鹏率领中国政府代表团参与了会议，展现了中国对于可持续发展理念的坚定支持与积极行动。此次大会不仅对传统高投入、高消耗、高污染的生产和消费模式进行了深刻反思，还对未来经济与环境和谐共生的道路进行了积极探索。长久以来，人类社会的发展往往伴随着对自然资源的过度开发与滥用，而环境的恶化又反过来制约了经济的发展与人民的生活。此次大会便是为了打破这一恶性循环，寻求一条既能满足当代人需求，又不损害子孙后代利益的发展道路。大会的召开，标志着可持续发展理念从抽象概念向具体实践的重要转变。同时，大会还提出了许多具有创新性和可行性的发展模式和策略，如循环经济、绿色经济等，为全球经济的转型升级提供了有力的指导。此次会议之后，各国纷纷将可持续发展纳入国家发展战略和规划，并积极将其转化为具体行动和措施。这不仅体现了各国对于环境保护和可持续发展的高度重视，也为全球范围内的合作与共赢创造了有利条件。10 年后，联合国又举办了可持续发展世界首脑会议，中国代表团在时任国务院总理朱镕基的带领下前往参加会议。在这次会议上，可持续发展的概念和内涵得到了进一步的明晰，这次会议也是全球可持续发展道路上的重要一步。

经过对可持续发展问题的深入思考，人类社会对于环境问题的理解已经发生了深刻的转变。在可持续发展的理念中，经济繁荣、社会公正和环境保护被视为三大核心要素。这意味着人们不能仅仅追求经济增长，必须同时关注社会公正和环境保护。可持续发展的理念强调了人类与自然环境的和谐共生，呼吁我们在追求经济发展的同时，也要保护生态环境，实现经济、社会和环境的协调发展。自1992 年各国政府接受可持续发展概念及其战略以来，全球范围内在可持续发展的道路上已经取得了显著的进展。尽管面临着严峻的挑战，如气候变化、资源短缺、环境污染等，但各国政府、国际组织和社会各界都在积极努力，推动可持续发展的实施。我们需要继续加强国际合作，共同应对全球环境问题。同时，我们也需要加强科技创新和人才培养，推动可持续发展战略的深入实施。

可持续发展理念在我国也得到了同步发展。自 1992 年联合国环境与发展大会在巴西里约热内卢召开以来，中国政府对环境保护与经济社会发展之间的紧密关联性有了深刻认识。仅仅在联合国大会结束两个月后，中国就提出了"中国环境与发展十大对策"，明确地将可持续发展确立为国家和民族发展的长期战略。为了进一步推动可持续发展战略的实施，1994 年，中国政府制定了《中国 21 世纪议程》。此文件结合国家的人口、环境与发展实际，详细规划了可持续发展的总体战略、对策和行动计划。1996 年，第八届全国人民代表大会第四次会议通过的《中华人民共和国国民经济和社会发展"九五"计划和 2010 年远景目标纲要》中，更是明确将实施可持续发展作为现代化建设的核心战略之一。1997 年，在党的十五大报告中，可持续发展被强调为与科教兴国战略并列的国家重大战略之一。此举措凸显了可持续发展在国家发展全局中的重要地位，表明了中国政府对于可持续发展理念的坚定信念和决心。

进入新世纪，可持续发展理念在我国政治决策中占据了举足轻重的地位，成为治国理政的核心理念之一。随着我国经济的迅速崛起，我们也面临着日益严峻的环境和资源压力。在这种背景下，可持续发展理念的提出和深化，不仅是对全球环境保护潮流的积极回应，更是对我国自身发展道路的深刻反思和重新定位。从提出全面建成小康社会的目标开始，我国就明确将可持续发展作为核心目标之一。全面建成小康社会不仅意味着经济的持续增长，更涵盖了人民生活质量的全面提升，也包括对资源利用和环境保护的严格要求。深入落实科学发展观是我国对可持续发展理念的进一步深化和升华。科学发展观强调以人为本，全面协调可持续发展，注重发展的质量和效益。在这一思想的指导下，我们不断优化经济结构，推动产业升级，加强科技创新，努力实现经济、社会和环境的良性互动。

二、"可持续发展"理念下生态文明建设战略思路与任务

在全球环境问题日益严重的背景下，推动经济发展方式的转型升级成为我国生态文明建设与可持续发展的核心任务。提升生态环境质量是我们的共同责任和共同追求。此目标的实现，需要政府、企业和公众共同努力，形成合力。建设生态文明的核心，在于构建一个资源节约型、环境友好型社会，要关注资源环境的承载能力，并严格遵循自然规律，以可持续发展为最终目标。

（一）战略思路

在推进生态文明建设与可持续发展的过程中，我国始终坚守"六个原则"：坚守和谐原则，致力于营造一个和谐共生的生态环境，让自然与人类和谐共处，倡导绿色生活方式，推动全社会形成节约资源和保护环境的生产和生活方式；坚持循环原则，倡导循环经济，推动资源的循环利用，减少浪费，降低污染，以实现经济、社会、环境的协调发展；坚守协调原则，在推进生态文明建设的过程中，始终注重与经济、政治、文化、社会建设的协调发展，形成生态文明建设的整体合力；坚守适度原则，尊重自然、顺应自然、保护自然，避免过度开发、过度消耗，为人类社会长远发展预留空间，积蓄潜力；坚守优先原则，优先实施严格的环境保护措施，推动经济发展方式的转变和经济结构的优化，以生态优先、绿色发展为导向，加快构建绿色低碳循环发展的经济体系；坚守人文原则，以平等和

关怀的态度对待自然生态，始终将人的需求、尊严和价值融入生态保护的各个环节，实现人与自然的和谐共生。

（二）重大任务

1. 打造生态生产方式和消费模式

在飞速发展的时代浪潮中，我们必须保持敏锐的洞察力，紧抓时代赋予的宝贵机遇，深刻反思并转变我们对经济发展的传统观念。我们不能仅仅把人均国内生产总值的增长作为衡量经济发展的唯一标准，而应追求一种更加全面、均衡和可持续的发展模式。为了实现这一目标，我们必须加快经济发展方式的转型升级，坚决摒弃高消耗、高污染、低效益的生产模式，推动形成低消耗、低污染、高效益的新型生产生活方式。在这一过程中，绿色经济的发展具有举足轻重的作用。绿色经济不仅注重经济增长的速度，更加注重经济增长的质量与可持续性。我们应当积极推动循环经济与低碳经济的发展，大力发展绿色产业和清洁能源，提高资源利用效率，减少污染物排放，为经济发展注入绿色动力。同时，我们应遵循"减量化、再利用、资源化"的原则，加强技术研发与创新，培育以低碳排放为特征的新的经济增长点，为经济的绿色转型提供坚实支撑。此外，我们还应倡导绿色消费，引导公众形成绿色、低碳的生活方式，共同推动社会的可持续发展。

2. 推进体制建设

在全球环境持续演变的背景下，我们必须坚决落实主体功能与战略，确保资源有偿使用制度、生态补偿机制和环境保护目标责任制度得以完善。我们要深化价格机制改革，构建一个能够体现市场供需关系、资源稀缺性以及环境成本的生产要素和资源价格体系。这个体系将促进资源的有效利用，让污染者承担相应责任，并鼓励第三方广泛参与环境治理，汇聚全社会的环保力量。我们要积极推进资源性产品价格和环保收费体系的改革，不断完善绿色环境经济政策。通过实施差异化的资源价格策略，引导企业节约资源、减少污染；通过环保收费改革，将环境治理成本内化为企业运营成本，激励企业主动采取环保措施。在此过程中，我们要不断提升规划发展、协调发展、优化发展、推动发展和确保可持续发展的能力，构建更加科学、高效的决策和管理机制，确保经济社会全面、协调、可持续发展。

3. 主要污染物减排

节能减排是环保工作的重要内容。在政府的坚决引导和积极推动下，我国城镇环境基础设施建设与企业的污染治理正稳步发展。这不仅使我们的污染防治工程技术保障能力大幅提升，也彰显了我们国家对环境保护的决心与信心。减排工作一方面要确保城镇污水处理厂和企业治污设施的稳定、高效运行，另一方面要以火电行业和造纸行业为突破口和重点，通过严格的监管和技术改造，大力削减大气和水污染物的排放量。对于火电行业，要进一步推广清洁煤技术，优化燃烧方式，减少二氧化硫、氮氧化物等大气污染物的排放。同时，还要鼓励和支持可再生能源的发展，如风能、太阳能等，以逐步替代传统的火力发电。在造纸行业，要加强对废水处理设施的管理和监督，推动废水回用和资源化利用，降低水资源的消耗和污染物的排放。为了确保减排工作的实效，要进一步强化减排目标责任制。各级政府和企业需明确减排目标，制订详细的实施计划，并严格按照计划执行。对于未能完成减排任务的地方和企业，要依法实施严格的处罚和问责措施，确保减排工作的严肃性和权威性，推动整体环境质量不断改善，为我国的可持续发展注入强大的动力。

4. 解决环境问题

环境问题是关系到广大民众健康与福祉的重大议题，始终是社会发展的重要关注点。随着经济的快速增长和人民生活水平的持续提升，公众对环境保护的关注度日益提高，对优质生活环境的期盼也愈发迫切。这充分体现了人民对美好生活的追求，也彰显了环境保护在民生领域的关键地位。以人为本是科学发展观的核心，也是生态文明建设的根本遵循。在经济社会发展的进程中，我们必须积极回应民众对良好生态环境的热切期盼。我们必须坚守环保为民的初心使命，以更加坚定的决心和更加有力的举措，切实解决影响民生的环境问题。具体而言，要加强环境监管，严格执法，对违法排污行为持零容忍态度。同时，要加强环境教育，增强公众的环保意识，让每个人都成为环保的参与者和推动者。此外，还应加大科技创新力度，发展环保产业，推动绿色低碳发展，为可持续发展注入新的动力。

5. 积极应对全球性环境问题

在全球多极化与经济一体化进程不断推进的过程中，生态文明建设不仅是可持续发展的核心议题，更是我国面对全球环境挑战的重要举措。我们需要以更开放的姿态综合考量国内国际的众多因素，积极推动环保领域的对外交流与合作，承担起与我国经济社会发展阶段相匹配的国际环境责任。我们需要"以外促内，以内带外"，推动国内外环保措施的协调配合，共同促进生态文明建设。这种协调配合不仅能够推动我国经济发展方式的转型与结构的优化，还能够确保经济平稳快速发展与经济发展方式转变的和谐统一。我们必须积极参与国际环境合作与交流，广泛借鉴各国的先进经验和技术，共同应对全球环境挑战。通过深化国际环境合作，我们可以维护国际环境利益，增进国家之间的相互信任，化解国际合作之中的矛盾，为我国经济发展争取更广阔的国际空间。在环境领域的国际合作中，我们不仅要积极参与国际环保行动，还要加强与其他国家的交流与合作，共同研究和应对全球性环境问题。

随着全球气候变化问题的加剧，其对人类生存和发展的影响愈发深远。气候变化已成为全球各国共同面对的重大挑战，不仅深刻影响着我国经济发展的整体布局，更直接关系到我国人民的生活品质。因此，妥善应对气候变化已成为一项紧迫的任务。随着人类社会的持续进步，工业化、城市化等进程的加速推进对自然环境造成了严重的破坏。大量温室气体的排放导致全球气候变暖，极端天气事件频发，给人类带来了巨大的灾难。这就要求我们在推动发展的同时积极寻求正确的应对策略，以实现经济社会的可持续发展。应对气候变化是一项涉及经济社会发展多个领域的复杂系统工程，我们需要从全局出发，统筹考虑控制温室气体排放的问题。同时，加强国际合作，共同应对气候变化带来的挑战也至关重要。作为全球最大的发展中国家，我国在全球气候变化的应对中发挥着举足轻重的作用。我国应坚持共同但有区别的责任原则，承担相应的责任，为推动全球气候治理进程贡献中国智慧和中国方案。

第二节　"四个全面"战略布局下的生态文明建设

随着时代的发展与社会的进步，我国政府提出要"全面建设社会主义现代化国家、全面深化改革、全面依法治国、全面从严治党"的"四个全面"战略布局思想。这是新时代中国治国理政的总方略，是实现中华民族伟大复兴中国梦进程中的长远布局、长远之策。新时代中国在全面推进生态文明建设的实践探索中，自觉将生态文明体制机制改革与全面深化改革相融合、生态环境法律制度建设与全面依法治国相融合、生态文明建设政绩考核制度完善与全面从严治党相结合，形成了"四个全面"总方略统领下的生态文明建设，构成了新时代中国"四个全面"战略布局下的生态文明建设。

一、全面建设社会主义现代化国家与生态文明建设

在全面建设社会主义现代化国家的今天，只有将生态文明与全面建设社会主义现代化国家相结合，才能确保社会主义现代化国家建设的永续性。

（一）生态文明是社会主义本质的必然要求

社会主义具有与资本主义截然不同的本质。满足人民的优美生态环境需要成为社会主义现代化建设和社会主义生态文明建设的共同目的。优美生态环境需要将人与自然有机地联系起来，以满足人民优美生态环境需要为目的的社会主义现代化建设和社会主义生态文明建设进一步强化了这种有机联系。在社会主义国家，自然界成为全体人民的共同财富，人们开始自觉地调控人与自然之间的物质变换，在制度上可以确保人与自然的有机联系，实现人与自然和谐共生，建设生态文明。我们既要发挥社会主义国家的制度优势来确保生态文明建设，又要将生态文明纳入社会主义国家的规定中以体现和完善社会主义本质。就此而论，社会主义具有亲自然、亲生态的本质，生态文明即人与自然和谐共生的文明，是内嵌于社会主义本质中的社会文明。同时，建设生态文明有助于实现社会主义本质。

（二）生态文明是中国特色社会主义道路的内在要求

在领导中国人民建设现代化的过程中，我们党开辟了中国特色社会主义道路。生态文明既是中国特色社会主义道路的内在要求，又是对中国特色社会主义道路的丰富和完善。"我们坚持和发展中国特色社会主义，推动物质文明、政治文明、精神文明、社会文明、生态文明协调发展，创造了中国式现代化新道路，创造了人类文明新形态。"[①] 在现代化建设问题上，我们要坚持尊重自然、顺应自然、保护自然，不仅要将人与自然和谐共生的现代化作为中国式现代化的重要内容和特征，而且要按照促进人与自然和谐共生的本质要求推动中国式现代化建设，坚持

---

① 习近平. 习近平著作选读：第 2 卷 [M]. 北京：人民出版社，2023.

走人与自然和谐共生的现代化道路。在生态文明建设上，我们要坚持尊重自然、顺应自然、保护自然，牢固树立和践行人与自然是生命共同体的理念、绿水青山就是金山银山的理念，坚持绿色发展，坚持走生产发展、生活富裕、生态良好的文明道路。在中国特色社会主义道路的语境中，尊重自然、顺应自然、保护自然，绿色发展，实现人与自然和谐共生，建设生态文明，走生产发展、生活富裕、生态良好的文明发展道路，具有高度一致性。

（三）生态文明是全面建设社会主义现代化国家的内在要求

在新时代，生态文明建设已经成为全面建设社会主义现代化国家的内在要求。生态文明是一种新型的文明形态，它以人与自然和谐共生为核心，以绿色发展为导向，追求经济社会和环境的全面协调发展。生态文明建设是一项长期而艰巨的系统工程，需要全社会的共同参与和努力。

首先，生态文明建设是推动高质量发展的必然选择。在工业化和城镇化快速推进的背景下，传统的发展模式已经难以为继，必须转向更加绿色、低碳、循环的发展道路。生态文明建设强调绿色发展，注重资源节约和环境保护，推动经济社会发展与生态环境的协调统一，实现经济发展质量和效益的提升。这不仅有利于改善生态环境，也有助于推动经济社会的高质量发展，为人民群众创造更加美好的生活。

其次，生态文明建设是实现人与自然和谐共生的必由之路。人类社会的发展离不开自然环境的支撑。生态文明建设以人与自然和谐共生为核心，倡导尊重自然、顺应自然、保护自然，让自然资源得到合理利用，让生态环境得到有效修复和保护，让人民群众享有良好的生态环境。这不仅有利于改善人居环境，也有助于增强人民群众的获得感、幸福感和安全感。

最后，生态文明建设是中国特色社会主义事业的重要组成部分，是实现中华民族伟大复兴的必要条件。习近平总书记强调，生态文明建设是一场广泛而深刻的社会革命，需要全党全国人民的共同参与。只有坚持生态文明建设，坚持绿色发展，才能为中华民族的伟大复兴奠定坚实的生态基础，为人民群众创造更加美好的生活环境。

总之，生态文明建设是全面建设社会主义现代化国家的内在要求。它不仅是推动高质量发展的必然选择，也是实现人与自然和谐共生的必由之路，更是实现中华民族伟大复兴的必要条件。我们必须坚持以人民为中心的发展思想，坚持绿色发展理念，坚定不移地推进生态文明建设，为实现中华民族伟大复兴的中国梦贡献力量。

二、全面深化改革与生态文明建设

新时代中国所实施的全面深化改革战略不是某个领域的单项改革，而是彼此联动的系统性改革。生态文明建设作为中国特色社会主义建设事业的一部分，同样需要随着实践的发展不断推进体制机制改革。

（一）全面深化改革带来的机遇

首先，政治体制改革、政府机构改革为生态文明建设的政绩考核机制构建、环保机构设置提供了契机，为省以下环保机构监测监察执法垂直管理制度的改革扫清了障碍。同时，政府机构改革与职能转变为社会主义生态文明建设市场机制的建立提供了更为开放的制度空间。

其次，经济体制改革为生态文明市场建设提供了推力，税收、金融等经济领域的深入改革为生态文明建设的经济扶持制度体系建设提供了配套制度支撑。财政制度改革为统筹区域间生态保护、推进生态补偿机制体制的完善提供了经济层面的协同扶持。

再次，社会体制改革为生态文明建设公众参与体制机制的健全提供了社会基础。社会治理体系与治理能力现代化体制机制的构建为生态文明建设民间团体、社会组织、志愿者的规范发展机制建设提供了历史机遇。

最后，文化体制改革为生态文化创建机制建设提供了制度助力。公共文化服务均等化改革为生态文化的基层创建机制建设提供了制度合力。非物质文化遗产、文物古迹保护等优秀传统文化传承体系建设为生态文化创建进程中传统生态基因挖掘机制建设提供了制度辅助和现实保障。

（二）生态文明体制改革发展方向

首先，生态文明体制改革必须在坚持中国特色社会主义大方向不动摇的前提下稳步推进。生态文明建设体制改革必须紧紧围绕这个总目标，服从于、依托于中国特色社会主义制度、道路与理论。

其次，生态文明体制改革必须坚持人民主体地位，不断完善保障人民群众参与生态文明建设的公众参与机制，提升生态文明体制机制的民主内涵，为生态文明建设凝聚社会合力。我国的生态文明建设一方面是为了人民，给子孙后代留下优美的自然生态环境，另一方面也必须依靠人民，因为中国特色社会主义生态文明建设是亿万人民自己的事业。新时代中国在全面推进改革、完善生态文明体制机制时所提出"形成合理消费的社会风尚，营造爱护生态环境的良好风气""健全举报制度，加强社会监督""倡导勤俭节约、绿色低碳、文明健康的生活方式和消费模式"的建设目标都必须依靠亿万人民的身体力行才能实现。同时，我国生态文明体制机制的改革是一项宏大的事业，从顶层设计、制度执行到政策实施，离开亿万群众的集体智慧和身体力行，仅依靠政府，孤掌难鸣。另外，从民主政治理论、环境人权理论层面分析，公众参与环境保护，既是人民的权利，也是人民的义务。生态文明建设关乎整个社会生产生活方式的转型，只有举全社会之力才可达成目标。

三、全面依法治国与生态文明建设

新时代中国所提出的依法治国方略是建设中国特色社会主义的本质要求。依法治国方略需要各个领域的法治建设协同推进，实现国家各项工作法治化的现代化法治国家建设。生态文明建设作为中国特色社会主义建设实践的一部分，需要通过依法治国方略，不断提升生态文明建设的法治内涵，推进生态文明建设的程序规范性、法治民主性、制度稳定性和执行权威性。

（一）法治对生态文明建设的意义

1. 提升生态文明建设的规范性

各地政府贯彻生态文明建设的国家战略，实践工作中需要生态文明法律法规作为依据和支撑，以规范有序地发挥自身职能、引导民众行为。回顾我国社会主义建设实践，在长期以来的环境保护工作中，形成了大量的各种有针对性的政策、文件、批示等。这些政策文件都是因环境保护相关部门履行职能、执行任务时，因时因地而出台的。

2. 提升生态文明建设的稳定性

由于法律法规出台的程序规范、严谨有序，与一般政策、文件相比，更具有稳定性特征。生态文明建设是一场深刻的思想革命和利益重组，实践中牵涉到众多社会行为主体的利益调整。我国法律法规制定、修改程序的严肃性，将有效避免政策、文件朝令夕改的弊端，从政府职能发挥到民众行为回应两个层面提升生态文明建设的稳定性。

3. 提升生态文明建设的权威性

在我国，经过多年的法律实践和宣传教育，"法律面前人人平等"的价值理念已经深入人心，人人都该遵守生态文明法律法规的理念能够获取强大的民众道德认同和情感接受。法律有着一般政策制度所没有的权威性。

（二）生态文明法治建设的实践要求

法律在现代社会治国理政中具有深远的影响。公平正义的法律是政府实施善政的基本前提。生态文明作为 21 世纪中国的善治举措，一个内容完善、体系完备、程序公平的生态文明法律体系是实现其目标的现实前提。实践中，我国应以生态文明建设中所遇到的实际问题为基点，以建设美丽中国为目标，不断完善我国生态文明法律法规，提升我国生态文明法治水平和内涵。

首先，应将"尊重自然、顺应自然、保护自然"的理念作为生态文明法治建设的价值内涵。我国在制定生态文明法律，处理环境保护与经济发展的冲突时，应以"环境保护优先"的理念为立法原则，唯有这样才能最终实现环境保护与经济发展的双赢。

人的全面发展是人类幸福生活的前提，一个处于全面发展状态的人必须拥有一个丰富的精神世界。而这需要一个美丽、丰富多样的、体现自然本质的生态环境为其提供不竭的源泉。一个美丽的自然生态本身就是人类的精神财富，是人类丰富心灵世界的源泉、身心健康的自然根基和生存与发展的必备前提。

其次，应不断完善生态文明立法程序，确保整个立法过程的公平、公开、民主和科学性。程序的设定对于立法工作至关重要。程序决定内容，有什么样的立法程序，便会产生什么样的立法内容。生态文明建设是一场深刻的利益调整和生产生活方式转型，应确保在立法的过程中，各方利益主体都有利益表达机会，使得新法成为凝聚人心的良法。

同时，环境问题的高科技含量和自然系统内部机理的复杂性决定了生态文明建设立法是一项科学含量很高的工作。生态文明建设立法内容的设定既要民主，更要科学。我国生态文明建设立法程序的设定中，应探索建立深谙生态学知识的专家学者参与其中的咨询机制，提升立法内容的科学性。

最后，不断完善生态文明法律法规内容，形成一套从源头预防、过程严管、结果严惩的生态环境保护法律体系。增强生态文明法律法规条款内容的明晰度、彼此内容的协调性和有机整体性。强化生态文明体制改革的协调性，加大环境监察监测和执法的力度；通过生态文化建设，全面强化遵守生态文明建设法律规章的社会意识，养成全民遵守生态文明法律法规的社会风尚。

四、全面从严治党与生态文明建设

21世纪的中国所处的历史方位决定了生态文明建设目标的艰巨性，必须依靠一个强有力的领导核心来凝聚人心，以保证正确方向、形成强大合力。中国特色社会主义建设的实践历史表明，正是有了党的正确领导，中国的发展才取得了举世瞩目的成就。生态文明建设作为面向未来、荫庇子孙的伟大实践，更是需要党的正确引领。

（一）全面从严治党为生态文明建设提供动力

首先，强化党自身作为生态文明建设领导核心的能力。生态文明建设需要党作为核心动力机制保障其实践动力。生态文明建设作为一场彻底的绿色革命，不仅涉及产业升级、能源结构调整、生产方式转型等物质层面的革新，更涉及人们的物质观、消费观等思想层面的革新。全面从严治党将有效提升全体党员主动适应、把握、引领经济发展新常态，不断提高党把握方向、谋划全局、制定政策、推进改革的能力，不断提高党领导经济社会发展的能力，从而提升党推进生态文明建设理念创新和实践开拓的能力，使党成为推进生态文明建设强大有力的动力源。

其次，提升党构建生态文明建设多元动力机制的能力。生态文明作为一个涵盖器物、制度、思想价值多层面的整体文明结构形态，其演进历程是"大时空跨度的、自主性的现象"。文明形态的改变和其形成一样，必将是一个缓慢、循序渐进的过程。生态文明的形成也必将遵循这一文明发展规律。

生态文明建设需要一种涵盖执政党与民间、政府与社会、企业与个人在内的综合动力机制，才能保障其从顶层设计到实践落实、从宏观规划到微观完善、从重点突破到日常改变的顺利推进。生态文明建设作为一种全新的发展理念与模式，是对我国过去改革开放四十余年所形成的经济现代化模式的革新和重构。其艰巨性、挑战性亟待社会所有行为主体携手共进、积极参与，才能确保其持续恒久地点滴推进，最终实现人类文明史上工业文明向生态文明的成功转型升级。

全面从严治党战略的实施将有效提升党科学执政的水平，使党有能力领导各部门制定出一系列前瞻性的、完备有效的政治、经济、社会、文化与生态制度、政策体系，多渠道、多层面引导所有社会行为主体主动投入生态文明建设，形成生态文明建设实践的综合动力机制。制定强化生态文明绩效的政绩考核制度，激励各级政府领导干部投入生态文明建设；制定激励生态文明建设市场主体发育的经济制度、排污权制度、产业扶持政策、财税政策，引导企业进行低碳、绿色、循环生产，引导社会公众进行绿色消费；制定完善的社会公众参与制度、环境信息公开制度、生态文明建设奖励制度，保障公众参与途径的便捷、规范，激发人民群众参与生态文明建设的热情；制定完备的国土空间开发制度、自然资源资产产权制度、生态补偿与惩罚制度，推动各类经济主体投入生态文明建设；制定严厉的生态文明法律制度，以法律惩戒的威慑力推动社会成员遵守生态文明建设底线。

通过全面从严治党，提升党科学执政的能力与水平，领导制定完备的生态文明制度体系，对社会各行为主体形成强大的利益引力和惩戒推力，引导全体社会成员投入生态文明建设，夯实生态文明建设实践的综合动力机制。

（二）全面从严治党指引生态文明建设方向

我国近代以来的历史已经证明，只有社会主义才能救中国，只有中国特色社会主义才能富中国、强中国。生态文明建设作为中国特色社会主义建设实践的重要内容，其"社会主义"不是一个修饰词，而是必须坚守、贯彻的根本性质、本质内涵和目标方向。

第一，生态文明的本质必然是社会主义。生态文明需要的是一种内置全国人民、外置全球人类利益在内的宽阔视野和价值理念。自然生态环境的整体有机性决定了没有全球的生态安全，最终也不会有一国的生态安全。解决当今人类生存与发展所遭遇的自然生态环境瓶颈既需要国内上下一心的集体推进，同样需要国际社会团结一致的协同共进。因此，生态文明必然是社会主义的。十八大报告中以习近平同志为核心的党中央所提出的"社会主义生态文明"是对这一理论逻辑的深刻把握。

第二，全面从严治党增强广大党员干部坚持生态文明社会主义方向的战略定力。生态文明建设蕴含的理论创新性、实践开创性需要党用正确的思想理论来指导、引领，确保生态文明建设的社会主义目标不偏向。社会主义生态文明建设的复杂性、艰巨性、长期性、宏阔性决定了领导其实践推进的党员干部需要极其坚定的战略定力、深厚的马克思主义理论素养和全心全意为人民谋利益的奉献精神。归根结底，需要广大党员干部具有坚定的社会主义信念和共产主义信仰。任何艰难险阻都不能动摇社会主义信念。通过全面从严治党战略的扎实推进，强化全体党员干部把理想信念建立在对科学理论的理性认同上，建立在对历史规律的正确认识上，建立在对基本国情的准确把握上，从而坚持社会主义方向不动摇，确保我国生态文明建设的社会主义方向不偏移。

新时代中国为落实全面从严治党战略思想，先后出台了《中国共产党廉洁自律准则》《中国共产党纪律处分条例》，开展了"三严三实"专题教育活动、党的群众路线教育实践活动、"两学一做"学习教育活动，旨在提升全体党员干部科学执政、民主执政、依法执政水平，使党的执政方略更加完善、执政体制更加健全、执政方式更加科学。通过全面从严治党战略思想的提出与实践举措的推进，将确保我国生态文明建设拥有一个坚强有力的马克思主义政党作为领导核心，确保我国生态文明建设的社会主义方向不偏移。

第三节 "五位一体"总体布局下的生态文明建设

一、"五位一体"总体布局的内涵与作用

（一）"五位一体"总体布局的内涵

"五位一体"总体布局是一个相互依存、相互促进的有机整体。经济建设作为发展的基石，为国家的繁荣稳定奠定了坚实的物质基础；政治建设则提供了制

度保障，确保了国家政治生活的民主与法治；文化建设作为精神支柱，丰富了人民的精神世界，提升了国家文化软实力；社会建设创造了公平正义的社会环境，促进了社会的和谐稳定；生态文明建设则为国家的发展提供了可持续的生态保障。"五位一体"的全面发展是推动我国走向富强民主文明和谐社会主义现代化强国的关键所在。只有在经济、政治、文化、社会和生态五大领域都取得全面进步，我们才能形成全面且可持续的发展格局。这样的格局将为我国的长远发展奠定坚实基础。因此，我们必须以高度的责任感和使命感，坚定不移地推动"五位一体"的协调发展，为中华民族的伟大复兴而不懈努力。

（二）"五位一体"总体布局的作用

第一，"五位一体"的提出是对文明发展认识的一次飞跃，是我们党顺应时代潮流、把握发展规律作出的重大决策，是实现经济社会科学发展的必由之路，更标志着我们党对文明发展规律的把握达到了新的历史高度。

在人类文明演进的历史长河中，中国共产党以卓越的远见和智慧，顺应世界文明发展的潮流，紧紧抓住工业文明的发展机遇，为国家的快速发展提供了强大的动力。更为重要的是，中国共产党创造性地提出了引领时代潮流的新文明形态——生态文明，这个重要理念为中国未来的可持续发展指明了方向，展现了中国共产党对人类文明发展的深刻洞察和卓越贡献。

自18世纪工业革命以来，人类迎来了工业文明的高速发展期。这一时期，科技创新和工业化进程极大地推动了生产力的提升，为人类创造了前所未有的物质财富。随着工业化的推进，环境问题日益凸显，这些问题不仅威胁着人类的生存，也影响着经济的可持续发展。面对这一严峻形势，人们逐渐认识到，环境保护是关乎人类生存和发展的重大问题。因此，寻求新的文明发展方式，实现经济发展和环境保护的和谐共生，变得愈发迫切。自20世纪后半叶起，全球范围内开始形成加强环境保护、追求可持续发展的共识。各国纷纷制定环境保护政策，推动绿色产业的发展，加强国际合作，共同应对全球环境问题。"生态文明"的提出，不仅准确洞察了文明发展的未来方向，更深刻揭示了后工业文明的精髓与真谛。通过"五位一体"总体布局的推进，中国作为世界上最大的发展中国家，正致力于构建一种全面协调可持续的发展模式，推动经济、政治、文化、社会和生态的全面发展，为全球生态文明建设贡献智慧和力量。

第二，"五位一体"理念是中国特色社会主义实践历经发展与完善后的重要产物，其不仅象征着我们党在社会主义建设规律领域认识的进一步深化，也彰显了对国家长远发展所进行的前瞻性布局。

我们党在社会主义建设的伟大实践中，始终致力于推进物质文明与精神文明双轮驱动，进而拓展至政治文明与生态文明，最终形成了"五位一体"的总体布局。这个历程充分展示了我们党对中国特色社会主义建设的深入认识与不断探索，对社会主义建设规律的认知也在逐步深化和完善，达到了新的历史高度。

"五位一体"总体布局作为一项宏观的战略规划，既扮演着指引方向的角色，也承担着明确任务的责任。经济建设在其中占据着根本的地位，为国家的整体发展提供坚实的物质基础；政治建设则扮演着保障的角色，确保国家政治生活的稳定和有序；文化建设作为灵魂，塑造着国家的精神风貌和民族的文化自信；社会建设作为条件，为社会的和谐稳定提供了必要的支撑；生态文明建设则是上述建设的基础，为可持续发展和生态环境保护提供了坚实的保障。

二、"五位一体"与生态文明建设的融合发展

生态文明建设在"五位一体"总体布局中占据至关重要的地位，其重要性不容忽视。这个战略决策为经济、政治、文化和社会建设提供了坚实的自然基础和丰富的生态资源保障，对于推动可持续发展、建设美丽中国具有深远的意义。

（一）政治建设与生态文明建设

1.构建生态文明建设法治体系

推进社会主义生态文明建设，提升全民生态道德素质是首要之务，然而，仅凭道德自觉远不足以应对生态保护的复杂性与严峻性。因此，制度与法律的保障显得尤为重要。一个完善的生态保护和资源管理的法律法规体系，是构建健康、稳定生态系统的基石。这个体系应覆盖生态环境保护的方方面面，从源头上预防和减少污染，严格监管生产过程，确保资源的合理利用和废弃物的安全处置。同时，对于破坏生态环境的企业和个人，法律应予以严惩，让法律成为守护绿水青山的强大武器。然而，制度与法律的制定与执行需要政府、生态环境保护部门、

企业以及公众共同努力，形成合力。政府应发挥主导作用，不断完善法律法规，加大监管力度，确保各项政策落到实处。生态环境保护部门则应承担起技术支持和监督管理的职责，为政府决策提供科学依据。企业应积极转变发展观念，强化环保意识，将生态保护融入生产经营的各个环节。公众亦需从身边小事做起，如实施垃圾分类、减少塑料制品使用等，形成全民参与、共建共享的生态保护格局。

法律作为体现国家意志的反映，为全体公民设定了行为的最低标准。这个标准不仅体现了党的纪律的庄严，更是广大人民共同意志的集中体现。无论个体在社会中扮演何种角色，都不能游离于法律的庇护之外，因为法律是维护社会公平正义的坚定力量。领导干部作为社会的引领者和中坚力量，更应成为遵守法律的典范。在坚守个人道德底线的同时，领导干部应深刻认识到法律的重要性，并将其置于各项事务的首要位置。为了培养浓厚的法治意识和良好的法律素养，部门内部应定期组织开展法治教育和学习活动。同时，建立健全法律监督机制，对违法行为保持零容忍态度，维护法律的权威和尊严。

2. 积极参与相关监督工作

在推动生态文明建设的进程中，要构建一套有效的制度框架。

首先，为了实现生态环境保护和可持续发展的目标，政府需要建立健全行政监督机制，以规范政府工作人员在生态环境保护工作中的行为。党的十八届三中全会通过了《中共中央关于全面深化改革若干重大问题的决定》，其中明确提出要确立生态环境保护责任追究机制。这个机制的建立，旨在强化政府及其工作人员的责任意识，确保他们在推进生态文明建设的过程中能够严格遵循法律法规，积极履行职责。为了实现这个目标，政府内部应加强对参与生态环境保护工作的人员的行政监督。具体而言，上级部门应定期听取参与生态文明建设的工作人员的工作报告，了解他们的工作进展、存在的问题以及解决方案。对于因工作疏忽导致的生态环境损害，政府应明确责任主体，并由上级部门依法严肃处理。此外，政府还应加强对生态环境保护工作的宣传和教育，提高全体工作人员对生态环境保护的认识和重视程度。

其次，个体在监督体系中发挥的作用不容忽视。根据我国法律的相关规定，监督权是每位公民应享有的基本权利之一。这意味着，在承担保护生态环境的职责时，个体不仅要积极参与，更应行使监督权，对相关人员的工作进行有效的监督。个体监督在生态环境保护中占据重要地位。因为生态环境的保护不仅是一个宏观的社会议题，更与每个人的日常生活紧密相关。政府应当积极采纳并倾听公众的意见，及时纠正工作中的问题。这种互动式的社会监督方式，不仅能够激发公众更积极地参与生态环境保护，还能拓宽对政府工作行为的监督途径。

随着我国经济的迅速发展和人口的不断增长，生态环境保护成为一项至关重要的任务。在此背景下，我国政府应积极采取措施，通过国家立法、政府执法和公民守法的协同配合，全面推进生态文明制度建设，为生态环境保护提供坚实的法律保障。这一举措不仅体现了我国政府对生态文明建设的重视，更展现了我国推进法治建设的坚定决心。完善生态文明建设的法律制度是推进生态文明建设的重要保障。政府作为生态环境保护的主体之一，其执法行为直接关系到生态环境的质量。通过严格执法，政府不仅能够打击那些破坏生态环境的行为，更能够引导全社会形成人人守法的良好风尚。

（二）经济建设与生态文明建设

2013 年至 2021 年，我国国内生产总值（GDP）年均增长 6.6%，高于同期世界 2.6% 和发展中经济体 3.7% 的平均增长水平；对世界经济增长的平均贡献率超过 30%，居世界第一，但我国单位 GDP 的能耗仍旧较高。鉴于此，将生态文明建设与经济建设紧密融合，确保其在各个环节和整个过程中得到全面贯彻和实施，具有极其重要的战略意义。

首先，生态文明建设作为推动经济发展方式转变的重要方向，承载着实现绿色、循环、低碳发展的重要使命。在全球环境问题日益加剧的背景下，中国积极倡导并践行生态文明理念，努力构建人与自然和谐共生的现代化新格局。要深入理解生态文明建设的意义，需要明确生态文明建设的核心要义。这是一种全新的发展观念和生活方式，要求我们尊重自然规律，顺应自然法则，保护生态环境。我们必须实现生产方式和生活方式的根本性变革，推动经济发展方式向绿色、循环、低碳转变。

其次，必须深刻认识到生态文明建设是调整经济结构、保障经济健康稳定发展的关键性举措，对于推进可持续发展战略具有举足轻重的作用。生态文明建设不仅关系到环境保护和民生改善，更是推动经济转型升级、迈向高质量发展的必由之路。我们必须坚定不移地走生态文明建设之路，将其作为应对外部压力、实现可持续发展的关键抓手。要紧紧抓住生态文明建设这一历史性机遇，大力发展绿色产业、循环经济等新兴产业，推动经济结构优化升级，为我国经济发展注入新的强大动力。新兴产业不仅具有资源消耗低、环境污染小的显著优势，还能创造更多高质量就业岗位，提升经济效益，为经济社会发展提供有力支撑。同时，我们要以高度的政治责任感和使命感，全面加强生态文明建设，确保各项政策措施落到实处，为推动我国经济社会持续健康发展做出更大贡献。

（三）文化建设与生态文明建设

中国特色社会主义建设的根本目的在于全面满足人民群众的物质、文化及精神需求，这凸显了文化建设在推动社会进步中的深远意义。在推进文化建设的进程中，我们必须高度重视培养与提升民众的生态道德素质，积极倡导并普及生态文明观念，使其成为民族精神和时代精神的重要构成部分，并深深植根于党风政风以及民风民俗之中。通过这些举措，我们期望在全社会范围内营造一种尊重自然、和谐共生的良好环境，为构建可持续发展的社会奠定坚实的文化基础，推动中国特色社会主义事业不断向前发展。

首先，以深入研究和明确定位人与自然关系为基石的生态文化建设，是我们提升中国特色社会主义文化综合实力和竞争力的重要途径。在当前全球化的背景下，中国特色社会主义文化建设不仅有助于我们更好地应对环境挑战，还为我们提供了一个与世界各国进行深度交流的平台。生态文化作为一种伴随着生态环境保护运动而兴起的新文化形态，是对人类文明发展方式的反思和超越，其体现了人类对价值理性的追求，即在追求经济发展的同时，不忘对生态环境的保护和尊重。新文化形态的出现，标志着人类开始从工具理性的束缚中解脱出来，开始重新审视自身与自然的关系。在全球化的今天，生态文化已经成为全球文化发展的主流趋势。那些能够在生态文化领域占据主导地位的国家，不仅能够打破文化隔阂，与世界各国进行深度交流，还能够向世界传递自身的文化观念，增强自身的文化软实力。

其次，培育人与自然和谐相处的价值理念，对于推动中国特色社会主义文化的发展具有重要意义。中国传统文化中蕴藏着丰富的生态智慧，这些智慧一直以来都是中国人民对待自然环境的准则。自古以来，中国人就坚持"天人合一"的哲学思想，认为人类与自然应当和谐共处、相互依存。然而，在现代社会，随着工业化和城市化进程的快速推进，人类与自然环境之间的关系逐渐失衡，因而导致了一系列的环境问题。为了应对这些挑战，我们必须重新审视并强化人与自然和谐相处的价值理念。政府应当发挥主导作用，制定并执行严格的环保政策，鼓励绿色生产和生活方式的普及。同时，企业也应当承担起社会责任，通过技术创新和产业升级来减少对环境的负面影响。此外，媒体和社会各界也应当积极参与到环保行动中，共同营造尊重自然、爱护环境的良好社会氛围。

（四）社会建设与生态文明建设

在社会经济持续健康发展的前提下，要致力于满足人民群众的物质与文化需求，力求维持社会的和谐与稳定。在此过程中，必须坚持以保障和改善民生为核心的建设方针，同时，生态文明建设的重要性亦不容忽视，其关乎民生福祉，与人民群众的生存与发展息息相关。

首先，生态文明建设的深远意义并不仅限于环境保护领域，它对于整个社会矛盾的解决具有至关重要的作用。优美且和谐的生态环境可以提升人民群众的生活质量和幸福感，这直接关系到他们的福祉和利益。我们必须将生态文明建设置于重要位置，通过加强环境保护和生态修复来解决这些社会矛盾，促进社会的和谐稳定发展，为人民群众创造更加美好的生活环境。

其次，生态文明建设在社会建设中占据重要位置，是党和国家高度重视的战略任务。面对生态环境保护与经济发展之间的复杂关系，各地区必须深入贯彻新发展理念，坚持生态优先、绿色发展的原则。生态环境基础较好的地区，要坚守"绿水青山就是金山银山"的理念，既要保持经济持续健康发展，又要加强生态环境保护，实现经济发展和环境保护的双赢；生态环境基础薄弱的地区，要深入实施生态修复工程，加强生态环境治理，同时积极培育绿色产业，推动经济发展与生态环境保护相协调。生态文明建设是一项系统工程，需要各级党委政府高度重视，加强组织领导，完善政策体系，强化责任落实，确保各项任务落到实处。只有这样，我们才能切实解决生态环境保护与经济发展之间的矛盾，实现经济社会可持续发展的目标。

第四节 "美丽中国"生态目标下的生态文明建设

一、"美丽中国"与生态文明建设的逻辑关系

（一）物质层面

美丽中国现代化强国目标的实现需要生态文明的绿色发展提供物质支撑。建设美丽中国是新时代中国政府为实现中华民族由"富"到"强"而确立的奋斗目标之一。国家的"强"离不开国家的"美"。美丽中国应该拥有发达的生态产业，既实现生产过程中资源节约和环境保护的"行为美"，又实现劳动产品绿色安全的"功能美"，这一切离不开生态文明建设绿色发展的实践推进。

（二）精神层面

美丽中国现代化强国目标的实现需要生态文化提供精神支持。美丽中国的基本特征是崇尚绿色的消费模式。消费模式影响生产模式。当人们选购商品时，会形成"货币选票"（以货币支付方式选择绿色商品还是非绿色商品、循环产品还是非循环产品、低碳产品还是高碳产品）影响生产者的行为。美丽中国崇尚低碳、绿色、生态消费模式。美丽中国和谐幸福的社会之美使人们之间形成一种"和而不同"的和谐人际关系，这一切需要生态文化的启蒙与熏陶。

二、"美丽中国"目标下生态文明建设的实践

（一）生态文明建设实践的价值追求

生态文明建设必须以美丽中国的自然美、社会美、人心美为价值追求。

生态文明建设，作为伟大的国家战略，它所追求的不应仅仅是化解经济发展中自然资源瓶颈的单一目标。人类发展面临的环境问题症结在人心。没有"和而不同"、以和为贵、崇尚个人道德修行、勤俭节约品质的社会美、人心美作为支撑，生态文明建设将举步维艰。因此，生态文明建设必须以体现美丽中国整体内涵的自然美、社会美、人心美为价值追求。

（二）生态文明建设的实践坐标

生态文明建设必须以实现美丽中国的天蓝山青水绿为实践坐标。

中共中央、国务院《关于加快推进生态文明建设的意见》中指出，"加快建设美丽中国，使蓝天常在、青山常在、绿水常在，实现中华民族永续发展"[①]，昭示了美丽中国是实现中华民族永续发展的实践形态。而生态文明建设应以实现美丽中国的天蓝山青水绿为实践坐标。推进生态文明建设的所有努力，都必须落实到使祖国永葆山清水秀的美丽容颜这一实践坐标上来。我国生态文明建设的实践应以恢复一个健康的生态系统为奋斗目标，为美丽中国的早日建成奠定稳固的自然根基，为中华文明的永续发展夯实生态基础。

[①]　中国法制出版社.中华人民共和国生态环境保护法律法规全书（含全部规章及法律解释）：2021年版[M].北京：中国法制出版社，2021：61.

第四章　中国生态文明建设的路径选择

　　本章为中国生态文明建设的路径选择，围绕三个方面进行了详细的阐释，分别为生态文明建设的实践形式、生态文明建设的体制保障以及生态文明建设的全球化合作。

第一节　生态文明建设的实践形式

现代社会，科学技术迅猛发展，生产力水平有了很大程度的提高，物质生活资料也十分丰富。建设好"两型社会"，实现资源的节约与环境的友好，就需要在制度建设上下功夫，使生态文明建设的实践形式具体化，更具有可操作性。

生态文明建设的实践形式主要涉及以下两个方面：

一、转变生活方式

传统的生活方式对自然环境的影响较大，特别是在科技水平比较发达的今天。由传统生活方式转变为新兴生活方式是社会主义生态文明建设的内在要求，是促进我国经济结构战略性调整的必然。从一定意义上来看，生态问题其实也是人们的生活方式出现了问题，因为人们的消费行为对生态环境的影响无时不在、无处不在。生活方式的转变对于节约资源、引导消费、改善国民身体素质、实现社会稳定等起着积极作用，也是实现人的全面发展与中华民族伟大复兴的可靠途径。由于生活方式的形成不是一朝一夕的事情，它是日积月累的结果，因此新生活方式的形成必须采取一系列综合措施，充分激发全社会的智慧和力量，以广泛的社会认同为基础，共同推动这个目标的实现，使之成为公众自由而自觉的选择。

转变消费方式，实现生态消费。社会主义生态文明建设的健康发展，经济结构的战略性调整，都需要生态消费的支持。消费要合理、理性，不要奢侈和浪费。我国要大力倡导科学、理性的消费理念，坚决抵制奢侈浪费的行为，并致力于实现消费水平的合理增长与环境污染问题的解决。

人类想要提高生活水平是可以理解的，但这必须建立在对自然环境无害的条件下。作为最大的发展中国家，在资源能源有限以及面临生态危机的情况下，如何转变人们的生活方式，反思和纠正不良消费行为和习惯，就变得格外重要。生态消费要求我们在满足自身需求的同时，坚决反对浪费，在注重提升生活品质的同时积极保护生态环境。消费行为不仅与社会主义道德原则紧密相关，更是推动社会可持续发展的重要力量。我们必须清醒地认识到，生态文明建设在当前生活方式没有发生根本转变的情况下是无法取得显著成效的。因此，我们必须更新消费观念，实现从过度消费向适度消费转变，从浪费型消费向节约型消费转变，从破坏环境型消费向保护环境型消费转变，追求简约、绿色、健康的生活方式，以推动生态文明建设不断向前发展。

二、经济发展转型

生态文明是适应社会发展要求的必然产物，对生产模式进行生态化的改造是推进生态文明建设的重要手段。

在现阶段，转变生产方式的关键是转变经济发展方式。对产业进行生态化改造的重点，就是要建立起以"两型社会"为主导的国民经济体系，即建立起一种资源节约与环境污染少的发展模式，走出一条生态化的农业、生态化的工业、生态化的服务业相结合的发展道路。党的十八大报告为我国经济发展方式转变指明了方向，强调了以科学发展为统领的重要性。在全球化和信息化的大背景下，国内外经济形势正在发生深刻变化，我们必须紧密结合这些变化，积极探索和实践新的发展路径。为了推动经济发展的质量变革、效率变革、动力变革，我们必须更加注重现代服务业和战略性新兴产业的引领作用。现代服务业的发展能够提升经济的质量和效率，推动产业升级和转型。战略性新兴产业则代表了未来经济发展的方向，具有巨大的增长潜力和空间。同时，我们必须充分发挥科技进步、劳动者素质提升和管理创新的核心作用。在推动经济发展方式转变的过程中，我们还必须注重节约资源和循环经济的发展。我们必须转变发展观念，推动循环经济的发展，实现资源的有效利用和环境的可持续发展。同时，加强城乡区域协调互动也是构建强大韧性和可持续性经济体系的关键。城乡区域协调发展能够优化经济布局，提高区域经济的整体实力和竞争力。

当深入探讨我国经济发展战略时，我们必须深刻把握国家基本国情，紧密联系实际，积极参考全球工业化进程中的成功经验，通过发挥自身的比较优势和后发优势，我们可以更有效地推动信息化和工业化的深度融合，为我国经济发展注入新的动力。工业化在我国经济发展中占据核心地位，因此，我们必须高度重视科学技术的发展，并将其作为推动工业化的重要手段。通过运用高新技术和先进适用技术，我们可以对传统产业进行深入改造和升级，以实现产业结构的优化。这种优化不仅有助于提升我国产业的整体竞争力，还能推动经济发展方式由粗放型向集约型转变。为了实现这个目标，我们必须坚持走新型工业化道路。

第二节　生态文明建设的体制保障

一、行政体制与监管机制的保障

（一）生态文明管理体制的重要作用

现代市场体系的完善是推动生态文明管理体制发展的重要因素之一。市场体系的健全和完善能够有效促进资源的合理配置和环境的可持续利用。在此基础上，我们需要加强生态文明管理的法治建设，制定和完善相关法律法规，确保市场在生态环境资源配置中的决定性作用得到有效发挥。政府职能的转变，是生态文明管理体制改革的关键，法治建设是生态文明管理体制的重要保障。为实现生态文明管理体制的主要目标，我们需要通过改革政府管理体制，构建高效运行的生态环境管理体制。

生态环保管理体制旨在优化生态文明建设的管理效能，通过降低成本、提升效率，实现对生态环境的全面保护。生态环保管理体制致力于精简和统一政府职能，促进多元主体共同参与环境治理，以推动简政放权的深入实施。

（二）生态文明管理机构调整方案

改革的核心在于对污染防治、生态保护以及自然资源管理等相关职责进行科学、合理的配置，以实现体系的高效运转和可持续发展。要通过减少职能的重叠、降低行政协调的成本、优化权力配置，来构建一个更加精简、高效和协同的管理体系。

近年来，我国多个部门针对环境保护和资源整合提出了一系列方案。中国工程院与环境保护部联合发布的《中国环境宏观战略研究》报告中明确指出，应构建大环境部门，以整合环境、资源和生态保护等多元职能。

二、经济政策与市场机制的保障

（一）财政政策的支持

近年来，我国财政部门在积极响应建设资源节约型和环境友好型社会的号召下，不断推动财税政策的创新与完善，为生态保护提供了坚实的财政保障，取得了令人瞩目的成效。然而，在我国工业化、城市化的关键发展阶段，人口、资源与环境之间的协调发展仍面临诸多挑战，这要求我们在财税政策上作出更大的努力和创新。要进一步创新财税政策，完善相关法律法规，强化生态环保的约束和引导。要综合运用法律、行政、经济等多种政策工具，形成合力，共同推进生态文明建设。财政部门要与其他政府部门、企业和社会各界加强合作，共同制定和执行有利于生态保护的财税政策。此外，作为国家治理的基础性手段，财政在生态文明建设中扮演着举足轻重的角色。要充分发挥财政资金的引导作用，加大对生态保护和环境治理的投入力度。

鉴于生态环境的公共物品属性，财政支持在环境保护中显得尤为关键。为了达成国家既定的节能减排战略目标，国家财政部门在政策引导、制度保障及财力支持等方面均采取了切实有效的措施，并加大了扶持力度，为生态环境的改善提供了坚实的保障。这些政策的实施，已经取得了显著成效。通过淘汰落后产能、推广环保技术和生产方式，主要污染物排放强度和碳排放强度均呈现下降趋势，环境质量得到了明显改善。

（二）价格政策的支持

在市场经济中，价格机制发挥着重要调节作用，对于引导资源合理利用、促进可持续发展具有重要意义。通过实施合理的价格政策，可以有效推动资源节约和循环利用，从而改善我国当前生产与消费中资源消耗过度、环境污染严重的局面。为确保生态文明建设的稳步推进，针对主要资源的价格政策，需在以下方面加以保障：

1. 石油价格政策

近年来，我国逐步放开大部分石油价格，市场运行保持平稳。这一举措对于优化资源配置、提高市场效率具有深远的意义。然而，成品油市场如何平稳转向竞争性市场体制，仍然是一个值得我们深入探讨的问题。首先，成品油价格需要更加灵活，能够更好地反映国际市场的供需关系和价格变化；其次，成品油价格应该根据市场的供需状况进行调整，避免价格过高或过低带来的不良影响；再次，我们需要优化成品油价格形成中政府、石油企业、消费者等各相关主体的地位及其相互关系；最后，要放宽成品油批发、零售市场的准入条件，积极引入竞争机制。

2. 天然气价格政策

由于天然气特殊的物理属性，其在被液化之前需要通过专用的管道进行运输，这一特性使天然气行业与电力行业在技术和经济层面具有一定的相似性。在寻求天然气市场健康、可持续发展的过程中，合理的价格机制是其中的核心要素。长远规划的核心在于通过市场机制来确定天然气的开采价格和终端用户价格。在这个过程中，政府的监管作用不可忽视。特别是对于管道运输费用，政府应该确保其保持在合理且透明的水平。

3. 水价政策

为确保水价政策能够真实反映水资源的开发、利用成本及其环境影响，城市供水价格的设定必须建立在成本核算、合理利润和公平分配的基础之上。在居民用水收费方面，采用阶梯水价政策，明确区分基本生活用水和非基本生活用水的收费标准，并建立灵活调整非基本生活用水价格的机制。在确定水资源费用时，我们高度重视水资源的可持续性，因此，需要进一步提高水资源费的征收力度，并对其进行合理的调整与改革。对于跨区域水资源利用，上级政府应制定公平、合理的水资源费用标准和分配规则，确保受益者承担相应的责任，并确保筹集的资金主要用于保护上游水源地的生态环境。

（三）市场化机制的支持

在推进生态环境改善的过程中，必须高度重视市场化措施的运用。采取集中化的管理方式能有效满足社会大规模生产的需要。为此，政府应出台一系列支持生态环保市场化机制发展的政策，推动相关法律法规和经济体制改革的深入进行，以提高生态环保市场化集中治理的效果。同时，我们必须认识到产权多元化的重要性。通过构建多元化的产权结构，可以促进不同主体更好地参与社会事务，降低政府财政压力，并推动社会资源的有效配置。因此，我们应积极运用市场机制，建立多元化的投资体制，以推动环境保护工作的深入开展。在生态保护领域，我们需要吸引商界、民众、企业和机构等多方面的资金投入，形成政府、银行、企业和个人共同参与的投资格局。我们的最终目标是实现市场化运营和服务，确保环境污染治理和生态环保设施的运营由独立的社会服务机构负责。通过逐步培育一批专注于环境治理的企业，并引入新的管理机制，我们可以成功构建一个高效运营的生态环保服务市场。在这个过程中，我们必须充分发挥市场机制的作用，引导投资者和经营者综合考虑资源利用、环境保护和经济效益，确保生态治理成果与经济发展相协调，实现环境可持续发展。同时，我们在实施市场化机制时，应特别关注促进公私合作伙伴关系和第三方治理模式的发展，以更好地引导市场行为，推动生态环境改善工作的深入开展。

第三节　生态文明建设的全球化合作

一、环境问题的全球化特征

随着全球经济的一体化，生态安全也跨出国界，一国的生态灾难有可能危及邻国的生态安全。当前环境污染已经由区域性的问题逐渐发展为全球性的环境污染与破坏。这种环境污染与破坏不仅降低了大气、水、土地等环境因素的质量，直接影响到人类的健康、安全与生存，而且造成资源和能源的浪费、枯竭与退化，影响到各国经济的发展。环境污染与破坏所造成的危害具有流动性、广泛性、持续性与综合性的特点，从而发生全球性的相互联系，以致各国都要承受污染危害，并导致全球共有财产的环境破坏，威胁到全人类及人类赖以生存的整个地球生态系统。环境问题的全球性，在空间上表现为全球无处不在，在时间上表现为全球无时不在，在程度上表现为环境问题已不堪重负，在后果上已经影响到人类的可持续发展。

二、环境问题的全球共同行动

（一）对环境问题达成共识

1972 年斯德哥尔摩人类环境会议，把环境问题摆在了人类面前，开创了国际社会共同重视环境问题的先河，使各国政府的议事日程中有了环境问题并达成了全球性的共识；1992年里约热内卢联合国环境与发展大会用"可持续发展"统一了人类在发展问题上的共识，试图以公平的原则，通过全球伙伴关系，促进全球可持续发展，以解决全球生态环境的危机；2002年的约翰内斯堡联合国可持续发展世界首脑会议，制定了全球未来10～20年环境与发展进程，促进世界各国在环境与发展上采取实际行动，推进全世界的可持续发展。国际社会在各种场合，重复强调环境问题的严重性，以期引起各国的重视，同时把解决全球环境问题提上议事日程。

1997年，联合国环境署推出《全球环境展望》报告，以可靠的科学知识为基础，为政府、企业和个人提供关键的信息，帮助全球在2050年前向真正可持续的发展模式转型。2019年第六期《全球环境展望》报告发布，聚焦"地球健康，人类健康"主题，系统审视遭受严重破坏的全球生态环境，呼吁全球各国政府放弃违反可持续发展理念的生产与消费方式，并积极推动国际合作，以实现全球可持续发展目标和国际环境协议所设定的目标。在迈向2030年可持续发展议程和21世纪中叶碳中和目标的道路上，必须运用更加科学和务实的决策手段果断推进创新与技术投资。人们的行动必须兼顾人类社会的福祉与生态环境的保护，只有这样，才能有效促进生态系统的恢复，提高全球民众的生活质量，同时维护全球气候系统的稳定。

（二）明确环境保护国际合作的内容

环境保护国际合作的内容主要包括：发展国际综合治理体制；建立国际协作制度；援助发展中国家；各国共同发展和促进各种应急计划；共享共管全球资源，如对国家管辖范围外的海洋、外层空间、世界的自然和文化遗产；禁止转移污染和其他环境损害。

（三）构建国际环境合作新平台

环境问题的全球化使一个国家不能单独取得切实持久的环境保护效率，因此环境保护领域的国际合作就显得特别重要。在国际环境合作中，如"77国集团和中国"的合作方式和亚欧环境部长会议便是其中的范例。"77国集团和中国"的合作形式，正式形成于环境与发展大会，对加强发展中国家内部的协商和团结，维护发展中国家利益，促进南北对话，发挥了积极作用。2002 年 1 月在北京举行了亚欧环境部长第一次会议。此次会议加强了亚欧环境合作中的伙伴关系，有利于促进解决全球和区域性环境问题，并为各伙伴国开展环境合作提供了一个平台。这标志着亚欧环境合作进入了一个新的历程。1987 年 7 月，第 15 次西方 7 国首脑会议第一次以环境为主题，提出了"地球的第一需要——为了一个更加洁净的地球的任务采取行动"的口号。

（四）实施全球研究计划

在联合国及其相关机构的组织下，在各国政府的积极参与和大力协助下，制定和实施了一系列全球性的研究计划。这些计划主要有：

第一，1972 年开始实施的由联合国教科文组织发起的"人与生物圈计划"，以预测目前人类活动对未来世界的影响，增强人类有效管理生物圈的能力。

第二，1975 年由联合国教科文组织制定、组织并开始实施的"国际水文计划"，主要研究当代世界面临的日趋严重的水资源问题。

第三，1979 年在日内瓦召开的世界气候大会提出的"世界气候计划"，计划由联合国科学委员会负责，主要研究对全球气候变化以及人类活动对气候影响的预测，包括世界气候资料计划、世界气候应用计划、世界气候影响计划、世界气候研究计划。

第四，1980 年由国际科学联合会发起并组织实施的"岩石圈计划"，目的在于研究岩石圈的性质、动力学、起源和演化，为估计、预报和减轻自然与人类活动诱发的自然灾害，为寻找和获得更多的不可再生性资源和矿物资源提供知识和技术。

第五，1988 年成立的全球海洋通量联合研究委员会制定并组织实施的"全球海洋通量研究计划"，主要研究"温室效应"对全球变暖的影响。

第六，1989 年 12 月第 44 届联大会议提出的"国际减灾十年计划"，从 1990 年 1 月到 1999 年 12 月为"国际减轻自然灾害十年"，目标是通过国际的一致行动，提高对自然灾害的预测能力，增强人类的防御和应变能力，减轻损失和破坏等。近年来，在对气候变化、生物多样性和自然系统保护、人类健康、土地保护和退化土地恢复等生态环境重点领域，国际社会加大了研究力度。

第七，由国际科学联合会于 20 世纪 80 年代制定并组织实施"国际地圈与生物圈计划"，主要研究控制整个地球并相互作用的物理、化学和生物过程，揭示地球系统中受人类活动影响的重大全球变化。

第八，1990 年由世界海洋研究科学委员会、世界气象组织和政府间海洋委员会联合制定、协调进行、开始实施的"世界海洋环流试验"，通过调查和研究，以建立供全球环流模式的发展和验证的数据库。

第九，《京都议定书》自 1997 年 12 月 11 日通过以来，经历了漫长的核准过程，直至 2005 年 2 月 16 日才正式生效。此国际协议要求发达国家与新兴经济体共同努力，协作推进温室气体减排措施，以履行《联合国气候变化框架公约》所确立的承诺。根据《京都议定书》的规定，发达国家需根据其能力和责任大小，承担更大的温室气体减排责任。

第十，《巴黎协定》是一项旨在应对气候变化的全球性协议，于 2015 年 12 月 12 日在第 21 届联合国气候变化大会（巴黎气候大会）上获得通过，并于 2016 年 4 月 22 日在纽约联合国大厦由 178 个国家和地区正式签署。该协定自 2016 年 11 月 4 日起开始生效，为全球 2020 年后的气候行动提供了统一的框架。其核心目标是努力确保全球平均气温相较于前工业化时期上升不超过 2℃，并力求将升温幅度限制在 1.5℃以内，以减缓气候变化对全球生态系统和人类社会的负面影响。

第十一，2023 年，《全球化学品框架》被提出，这是一项保护人类和环境免受化学污染的历史性协议，该协议包括 28 个目标，其中包括呼吁逐步淘汰高危险农药和打击非法化学品贩运。新框架的通过将污染和废弃物视为全球危机，使其与气候变化和自然损失相提并论，而气候变化和大自然损失已经有了框架。环境署将管理一个专门的信托基金，以支持该框架。

（五）加快环境立法

国际环境法作为调整国际自然环境保护中的国家间相互关系的法律规范，是国际社会经济发展与人类环境问题发展的产物，属于国际环境法体系的有如下两种：

1. 条约

国际条约规定了国家和其他国际环境法主体之间在保护、改善和合理利用环境资源问题上的权利和义务，是国际环境法规范的最基本和最主要的渊源。国际环境合作公约化、法律化是国际环境合作的必然趋势，解决全球环境问题，最常见的法律手段就是签订国际环境条约。现在，与环境和资源有关的国际环境条约有近 200 项，如《保护臭氧层维也纳公约》《关于消耗臭氧层物质的蒙特利尔议定书》《联合国气候变化框架公约》《京都议定书》《联合国海洋法公约》《防止倾倒废物及其他物质污染海洋公约》《国际防止船舶造成污染公约及其议定书》《生物多样性公约》《控制危险废物越境转移及其处置巴塞尔公约》《保护世界文化和自然遗产公约》《联合国防止荒漠化公约》《濒危野生动植物物种国际贸易公约》《关于特别是作为水禽栖息地的国际重要湿地公约》等。

2. 国际惯例

已经签订的保护国际环境的国际条约中，有些原则是作为国际惯例发生作用的，它也是国际环境法的一个渊源。国际会议与组织发布的声明和决议，对于确立、巩固、推动和阐释国际环境规范具有至关重要的意义，并在推动新的环境法规制定方面发挥着积极作用。这些决议和声明具有普遍约束力，各国必须严格遵守。各类致力于环境保护的国际组织所采纳的具体纲领和决议，被视为构建国际环境法中自然资源保护的基础文件，如《人类环境宣言》《关于环境与发展的里约宣言》《21 世纪行动议程》《约翰内斯堡可持续发展声明》《可持续发展问题世界首脑会议执行计划》等。

三、确立全球生态文明观

地球表层系统的信息增值规律深刻揭示了该系统由简单至复杂的逐步进化过程。在此过程中，各个子系统之间的相互协调与配合，共同促进了新秩序的产生与发展。

地球的外部层面系统正经历着由结构性信息向交互性信息的转变，这一变革与系统由简单至复杂的演进历程及信息量的不断增长紧密相连。地球表层系统的发展变化，体现在结构与功能特征间的相互作用，以及功能的参与和认知过程中，信息不断累积。这种信息的日益丰富，体现了地球表层系统进程的递增与增值。作为地球表层系统的重要组成部分，人类社会需从整体角度出发，调整自身行为，以符合地球表层系统其他部分的相互作用形成的整体参数，实现统一和谐的关系，摒弃过度索取与征服的行为。此举旨在推动全球范围内对生态文明理念的广泛采纳与实践，促进地球的可持续发展。

人类与自然之间的相互作用，是生态系统中至关重要的一环。随着我国生态文明建设的不断深入，我们深刻认识到，促进自然科学与社会科学、物质生产与精神文化的融合，是推动我国社会文明向生态可持续发展方向迈进的关键所在。

自梅棹忠夫在 1957 年首次阐述"文明的生态史观"起，至钱学森于 1986 年倡导建立地球表层学为止，这 30 年间，全球的关注焦点经历了显著的变化。人类逐渐将视线从自身的利益和发展转向了对地球表层系统这一自然与社会综合体的深入探索。这个转变意味着人类开始重新审视自身与地球的关系，不再将其视为孤立的存在，而是将其视为一个相互依存、相互影响的有机整体。从文明的生态历史思维到地球的生态文明观的转变，不仅是对生态意识的深化，更是对价值观的根本性调整。

人类存在于地球上的历史已有约 300 万年，在此期间，地球表层经历了由生物阶段向人类社会阶段的逐步演变。人类通过智慧的结合，将个体的力量汇聚成集体力量，进而有效与环境相互作用，创造出强大的物质力量，深刻改变了地球的外貌。这种整合不仅促进了自然与人工构造之间的融合，也加快了自然系统与社会系统之间的互动，引领地球表层系统朝着更有序、更复杂的方向进化。随着现代交通和通信技术的飞速发展，世界各地的人们日益紧密地联系在一起，标志着人类正式迈入信息社会时代。在信息时代，人们具备了有效管理全球生态和人力资源的能力，能够充分利用信息文明带来的丰硕成果对地球表层系统进行管理。

人类与地球表层系统的互动显示了人类既试图控制自然又受自然支配的复杂关系。如果人类不立即采取行动，人类文明势必会受到环境破坏的严重影响。

全球生态文明观具备一种根本性的价值导向，其下所有较小的目标均服务于这一终极目标的达成，并以其为衡量尺度。这个价值导向便是人类与地球表层的和谐共生。在追求终极目标的过程中，我们应致力于在最低能耗和物质消耗的前提下，实现地球表层信息的最大化增值。全球生态文明观并非固守生态平衡的理念，而是不断寻求发展，不断作出选择，并通过信息增值实现进化。这种文明观体现了全球性的前瞻性思考，它横跨自然地理、社会功能及文化意识等多个层面，构建了一个综合的社会自然科学体系。通过这个体系，我们能够深刻洞察人类与生物圈、社会与自然之间的内在联系，并推动这些关系与社会生态过程的和谐统一。

随着人类对自然资源的不断开采和利用，全球生态环境正面临着前所未有的压力。在这一背景下，国际社会亟须加大资金投入，积极实施生态保护措施，并进行相应的生态补偿，以确保生态平衡与经济增长的和谐共生。这要求我们在制定和执行生态保护政策时，不仅要注重投入的资金和人力，更要关注政策实施后的实际效果。同时，要加强国际合作，共同应对全球性生态问题，实现资源的可持续利用和环境的可持续发展。可持续发展的理念对发展中国家具有特别重要的意义。随着全球生态环境问题的日益严峻，发达国家更应该承担起更多的责任，与发展中国家共同应对挑战。对于发展中国家而言，可持续发展不仅有助于应对人口增长和资源环境压力，实现资源的节约和环境的保护，还能为未来的现代化进程奠定坚实基础。

在推动全球生态意识普及的过程中，启蒙思想家的倡导具有重要作用。然而，要使生态意识真正深入人心，必须依赖全社会的广泛参与和持续不懈的努力。在此进程中，自然科学家的角色尤为关键。他们需积极调整研究方向，将人类生存与生态保护紧密结合，逐步实现从对人类行为单一评价到对生态价值深入评估的转变，全面分析人类活动对自然环境的深远影响，并提出切实可行的解决方案。同时，社会科学家在将生态文明理念融入人类文化传统、赋予其新的时代内涵方面发挥着不可或缺的作用。此外，决策者在推动生态意识普及和生态保护行动方面扮演着举足轻重的角色。他们需要在具备生态意识的基础上，制定并实施具有实际执行力的生态保护政策和法规。从生态意识的觉醒到人类自觉行动的保护，这一进程需要历经数代人的共同努力和不懈追求。唯有全社会共同参与，才能推动生态意识的普及，实现人类与自然的和谐共生。

四、国际合作理论的应用

信息时代的到来使全球化成为国际关系理论发展与实践变革的驱动力。1999年科菲·安南在联合国大会上曾经讲道，"全球时代需要全球参与"[①]，也就是说，所有国家都要参与到全球化中来，任何国家都无法脱离其他国家独自发展，都要或多或少地参与国际合作。尽管国际范围内，世界是处于无政府状态的，但是这

---

① 张文彬. 日本对华政策转变期间（1952—1972）民间因素的影响评析 [M]. 上海：同济大学出版社，2013.

种无政府状态并不影响国家之间的有序合作和交流，因为国家之间由于共同利益的存在而产生了相互依赖的关系。理性国家会寻求对自身最有利的方式去解决问题或者获取利益，合作共赢是当前国际社会的趋势，是全球化情境下国家之间的新型友好关系，国家之间因为有着共同的利益而长久以来维持着合作的关系。合作成为当前国家之间解决问题、获取利益的最有效方式，国家之间的合作广泛地存在于政治、经济、军事等各个方面。

国际合作对于生态治理也有着重要的影响。在生态领域存在着一些例如空气和海洋这样的"集体物品"（collective good），当这种集体物品受到污染时，就需要国家之间的合作去保护集体生态资源，制止损害的继续发生。生态资源并非固定不变，它们的范围很广，且在全球流动，每个国家的行为都会对其产生影响，单个国家的力量是有限的，生态领域的保护需要国家之间的合作。生态治理的国际合作具有一定的特殊性，因为这一事项不是为了单纯地获取共同利益，而是旨在保护共有资源，所以需要世界主要国家有一定的社会能力和政府能力，高瞻远瞩地提早计划，并对相关的科学技术进行深入研究，以便于在生态污染问题发生和扩大之前作出有效的应对措施，世界主要国家还应在发展的同时认识到技术的负面影响并有效干预，从而实现资源的合理利用，避免过度开发。随着全球化的加深和国际合作的增多，多国公司、跨国社会运动和国际组织等非领土行为体开始出现，而非领土行为体在生态治理方面的作用也逐渐增强。在生态领域，国家在环境问题处理上的作用逐渐减弱，国家间的对话与合作以及国际组织成为维护生态平衡的新力量。

国际合作需要特殊性质的国际制度和国际机制作为支撑。国际合作从本质上来看是以利益冲突和利益趋同为基础的国家关系，合作并不等同于国家间关系的和谐状态，而是由于不同国家之间存在着某种利益连接，而最终达成的一种合作共识，这种共识使不同国家之间即便不存在一个共同的政府也能够产生合作。罗伯特·基欧汉运用博弈理论和公共产品理论对国际合作行为进行分析，并发现国际合作的存在需要一定的条件，比如，提供完善的信息和零交易成本，建立一个法律框架来明确合作中的行为责任等。这些条件是国际合作机制的基础，也就是说只有符合这些条件，才能建立起一个可以为国际合作提供保障的有效制度，克服国际政治中存在的问题，缓解国家间的利益冲突，推进国际合作才会成为可能。

生态环境领域的国际合作，主要针对生态资源的保护开展，地球是一个完整的生态系统，因此生态环境保护是每个国家的责任，需要以国际合作的形式开展。针对环境治理的国际合作机制主要有以下三方面：首先，国际合作是全球生态环境治理的基本方式，是世界各国的共同责任，但是由于国家的发展进度不同，在发展中对资源的消耗和对生态的污染强度也有所区别；其次，国际合作的前提是尊重他国的生态环境权利，每个国家对于自身领土范围内的生态环境资源具有所有权，对于本国的生态环境事务具有处置权，其他国家或组织无权干预和侵犯；最后，各个国家应树立合作意识，积极参与生态治理国际合作。生态环境的治理问题是全球性的，是世界范围内的问题，不仅公共领域的生态资源保护需要国际合作，许多国家的内部环境问题也需要他国的参与才能真正解决。因此，生态环境治理通常需要他国或国际组织和市民、社会加入其中。

人类与自然的和解以及人类本身的和解是人类需要面临的重要课题，也是当今社会人类正在进行的重大转变，这是恩格斯在一个多世纪以前就已经揭示出的人类社会发展规律。资本主义制度下的消费主义文化过度追求利润，这样的生产方式使技术的发展无法与生态环境的保护相平衡，甚至加剧了环境资源的消耗，给生态环境造成了很大的负担，使人类社会发展与自然资源保护之间的矛盾越来越严重。唯物史观对我国的环境治理国际合作理论的建构产生了深远的影响，我国始终关注对人们在分配和使用生态资源中的物质利益关系的协调，以此来加强生态文明建设，并对这种反生态本质的资本主义制度进行深度剖析，认为改变资本主义生产方式，建立生态社会主义是解决生态环境问题，处理人类与自然之间矛盾的有效方式。

受国家之间发展差异的影响，短期内依靠某个国家的力量很难实现环境治理建设领域的理念性和实践性突破，因此建立生态社会主义需要世界各国的通力合作，并且是一个长期的策略。全球化趋势已经蔓延到人类社会的各个层面，经济文化的融合程度随着全球化的趋势也在不断加深，国家之间的合作也越发频繁，文化和制度壁垒在逐渐减少。中国特色的国际环境合作模式是在科学发展观的指导下建立的，能有效维护我国的发展权和环境权，既符合我国当前社会发展现状和实际需要，又实现了维护人类的共同利益和根本利益的目标。

第五章　生态文明理论下的绿色发展实践探索

　　本章为生态文明理论下的绿色发展实践探索，包括绿色发展概述、绿色发展的社会底蕴与民生取向、绿色发展与"绿水青山就是金山银山"以及绿色发展方式与绿色生活方式四个方面的内容。

第一节　绿色发展概述

一、绿色发展的理论来源

绿色发展理念受到多种观念的影响。首先，我国自古以来秉持"天人合一"的自然观念，重视人类社会与自然环境的和谐共处、共存、共生、共荣，提倡人类社会的生产生活应当顺其自然，有益于自然，反哺自然。其次，受到现代社会马克思主义自然辩证法的影响，绿色发展理念是以唯物观为指导的环境观念，是唯物辩证法的现代体现。最后，随着工业的不断发展，我们越来越重视对自然资源的保护和合理利用，要求以可持续发展的观念，处理人类社会与自然生态之间的关系，建立现代工业文明的发展观。在这三种观念的影响下，绿色发展理念成为融合古今人类智慧的集大成者。绿色发展理念包括绿色哲学观、自然观、历史观和发展观，这一系列的观念充分适应当今社会的现实，并立足于"坚持以人为本，树立全面、协调、可持续的发展观，促进经济社会和人的全面发展"的角度，实现人与自然的科学发展。

二、绿色发展理念的内涵

（一）绿色的环境发展观

绿色的环境发展观是基于现代社会环境现状和维护人类共同利益的角度确立的，它倡导人类要合理利用自然资源，积极改善自然环境，充分协调人类社会的生产生活与自然环境之间的关系，并使其达到平衡，要加强对自然环境和地球生物的保护，以实现人类社会与自然环境的全面、科学、可持续发展。习近平同志指出：生态环境没有替代品，用之不觉，失之难存。要树立大局观、长远观、整体观，坚持节约资源和保护环境的基本国策，像保护眼睛一样保护生态环境，像对待生命一样对待生态环境，推动形成绿色发展方式和生活方式，协同推进人民富裕、国家强盛、中国美丽。①

（二）绿色的经济发展观

绿色的经济发展观的本质是可持续的新兴经济发展理念，目的是提高人类福利和社会公平，实现经济发展和自然保护的协调和平衡，立足于经济的节约、循环和可持续，是建立在绿色发展理念之上的经济发展观，同时为绿色发展提供了有效的经济保障。绿色的经济发展观强调两个方面的内容：一方面，要注重环保的经济性，将环保活动与经济活动充分结合，要使环保活动具有经济价值，从环保活动中获取经济效益，实现经济和环境保护的双效增长；另一方面，经济活动必须环保，也就是说任何经济活动都不能以破坏环境为代价，并且要以有益于环境保护为目标。习近平同志提出的"绿水青山就是金山银山"的理念是绿色的经济发展观的本质，要做到"绿色经济"就要始终贯彻这个理念，通过绿色发展、循环发展、低碳发展的方式，实现节约优先、保护优先、自然恢复的目的。

习近平同志巧妙地将经济发展和生态发展比喻为"金山银山"和"绿水青山"，通过"绿水青山就是金山银山"的理念，揭示了经济与生态的本质关系。习近平同志将人们对经济和生态这"两座山"之间关系的认知划分为三个阶段。第一阶段，"替代论"阶段。这个阶段自然资源的开发程度较低，人们对于自然资源的保护并不重视，环境保护意识也尚未形成。第二阶段，"兼顾论"阶段。人们开始意识到发展经济不应该以牺牲环境为代价，逐渐树立起环境保护意识，认识到环境保护的重要性。第三阶段，"统一论"阶段。"统一论"阶段就是人们发展理念上的转变和升华。人们意识到实际上保护生态资源和发展经济并不冲突，甚至可以从生态保护活动中获取经济利益，生态优势就是经济优势，"绿水青山就是金山银山"的理念蕴含着丰富的内涵，用通俗易懂的语言表达了深刻的思想，形象又直观地阐述了经济与生态环境之间的关系，即生态环境和经济发展是和谐统一、相互促进的，在经济与生态之间可以达到充分的平衡，实现良性循环。良好的生态环境是经济发展的基础，破坏环境的经济活动是不科学、无法持续的。资源十分宝贵，因此我们应充分保护和利用自然资源，来发展我们的经济。生态系

---

① 毛文永，李海生，姜华. 生态文明建设之路 [M]. 北京：中国环境出版集团有限公司，2021.

统的协调与稳定，是经济稳定和快速发展的前提，经济发展并不是简单的靠山吃山、无限制的资源开发，而是要利用自然资源促进经济发展，并通过经济发展提高尊重自然、顺应自然、保护自然的能力。人们对于经济和环境之间关系的认识并不是一件一蹴而就的事情，会经历一个漫长的过程，会在不断地调整和平衡之中，在人类社会的思想观念不断进步之中，实现人与自然共同和谐发展的美好愿景。

（三）绿色的消费文化观

习近平同志强调"在全社会确立起追求人与自然和谐相处的生态价值观"[①]，要求"进一步强化生态文明观念，努力形成尊重自然、热爱自然、善待自然的良好氛围"[②]，构建人与自然和谐相伴的生态文化、绿色文化。从某种意义上说，绿色文化是绿色发展的灵魂。绿色文化是建立在环保意识、生态意识、生命意识等绿色理念基础上的一种文化现象，这一文化现象包括了当代社会人类与自然和谐相处过程中的一系列行为规范、思维活动以及生活方式等，绿色文化以绿色行为为表象，以可持续的思想为内涵。绿色文化并不是一个单独存在的思想体系，而是作为一种观念、意识和价值取向渗透在绿色发展的各个方面，通过与其他途径的协同作用帮助绿色发展更好地完成。党的十八届五中全会指出："全面节约和高效利用资源，树立节约集约循环利用的资源观，建立健全用能权、用水权、排污权、碳排放权初始分配制度，推动形成勤俭节约的社会风尚。"[③]推动绿色发展，要树立绿色的世界观、价值观，树立绿色生活方式和消费文化。

消费是人们生存和发展最基本、最重要的条件之一，是生活方式的重要内容和主要表现，也是事关自然—人—社会复合生态系统兴衰存亡的问题。要积极提倡适度消费，强调消费与人们的生活水平相适应或同步，反对过高消费和超前消费。习近平同志倡导人们适度消费、绿色消费、理性消费，是倡导一种健康、科学、文明的消费方式。绿色消费观提倡勤俭节约、节约自然资源和减少环境破坏，坚决反对和抵制浪费性、污染性消费，积极倡导适度、健康、低碳、绿色的消费模式，

---

① 王小锡.中国经济伦理学年鉴 2018[M].南京：南京师范大学出版社，2019：79.

② 段玥婷，张吉.生态文明理论诠释与生态文化体系研究 [M].北京：中国书籍出版社，2020：66.

③ 刘铭辉.低碳环保科普图书：下 [M].天津：天津科学技术出版社，2018：36.

努力在消费终端促进生态文明建设，其实质是提倡绿色生活方式，是对现代生活方式的反思与超越。绿色生活方式是一种建立在人与自然、人与人、人与社会和谐相处、良性互动的基础上的，以人的自由全面发展为宗旨，以追求"诗意存在"和"创意存在"为主要内容的生活方式。

三、绿色发展的路径

绿色发展理念并非近几年才提出，早在1962年，美国人卡逊出版了《寂静的春天》，她在书中对当时的传统工业给生态环境造成的种种破坏进行了反思，绿色发展理念自此萌芽。1972年，罗马俱乐部发表了《增长的极限》，对当时西方国家工业化进程中造成的严重的污染现状和以高消耗为代价实现经济增长的模式提出了强烈的质疑，当时人们对于绿色发展的思考主要集中于污染治理和解决当时已经造成的生态问题上。1987年，世界环境和发展委员会发表《我们共同的未来》，提出了要降低污染排放，并要以新资源的开发和合理利用为手段，提升现有资源的利用效率。1989年，英国环境经济学家皮尔斯等人在《绿色经济蓝图》中提出了绿色经济的概念，强调了自然资源保护和经济发展的统一性和协调性，倡导以对自然资源环境产品和服务进行评估为手段，实现对资源的合理利用，达成可持续发展的目标。

由此可见，人类社会在漫长的发展历程中，逐渐意识到自然环境保护的重要性，在经历了工业化和城市化之后，人们开始对自身生产生活给生态资源和环境造成的破坏进行反思，通过改变生产方式和生产结构来保证经济和生态的协调发展，此过程是绿色理念产生、变化、调整并最终成型的过程。近些年全球气候变化加剧，生态环境问题日益凸显，经济发展的需要和气候问题的双重压力使美国、日本、韩国及欧洲一些国家纷纷制定了应对策略，提出了绿色发展战略，实施"绿色新政"，我国在国际经济发展新趋势下，也要作出相应的发展战略抉择。

（一）基于现实需求

我国疆域辽阔，自然资源丰富，但是我国的人口也较多，因此人均自然资源占有量并不高。加快经济发展方式转变、提高国际竞争力、大力发展绿色经济、加强新能源等技术的开发是我国经济发展的必经之路，也是解决我国当前发展问题的有效途径。世界各国已经将新能源、新材料、生物医药、节能环保等行业作为当前经济和科技发展的重点，而我国在这些领域也已经取得了显著的成果。特别是在新能源领域，我国的产业规模和生产体系已经相对完善，并在稳定、持续的发展中，市场前景广阔，竞争力较强。我国的新能源产业与大部分的发展中国家相比具有技术优势，而与发达国家相比又有成本优势，因此在国际市场可以形成自己独特的竞争优势。大力发展绿色经济，开发绿色科技是生态环境保护的必然要求，同时也可以实现经济增长的新突破。

我国政府还高度重视气候问题，制定并实施了一系列的应对措施，通过调整经济结构和能源结构，使经济发展不再以开发资源为代价，而是以科技进步为依托，大力提升劳动者的素质，加强管理创新，实现向绿色经济的转变。

（二）基于产业着力点

绿色经济应以发展绿色产业为手段，以传统产业的升级改造为基础，加强科学技术的创新，创造更多的就业机会，降低经济发展对环境的负面影响，实现经济增长和环境向好发展双轨并行。

1. 传统产业升级改造

传统产业是社会经济发展的支柱，占据经济发展的很大比重，因此要实现绿色经济首先要对传统产业进行升级改造，可以说传统产业升级改造是绿色经济的支撑。国家应对重点行业、重点企业、重点项目以及重点工艺流程进行升级改造，引进和研发更环保、更高效的新兴技术。在降低能源消耗的同时，减少污染排放，从而更好地保护自然环境。国家还要进一步提升对传统产业的环保要求，制定更加严格的环境、安全、能耗、水耗、资源综合利用技术标准，从源头上消除高污染、高能耗，规范产业的绿色发展，并及时淘汰能耗较高的老旧设备，鼓励传统产业进行设备和技术的更新。

2. 打造节能产业

打造节能产业，首先要加强对节能技术、设备的研发，要在科研上具备攻坚克难的意识，特别是针对一些可以广泛使用的节能技术和设备，要加大研发力度，提升技术的先进性和可行性；其次要从政策上带动和鼓励节能产业的发展，通过财政、税收等方面的政策制定，加快推进节能产业的发展；最后要创新机制，大力发展节能服务产业。打造节能产业有着良好的发展前景和巨大的发展潜力，是实现绿色经济的重要途径。

3. 打造资源循环产业

传统产业的生产过程产生了大量的工业废弃物，对废弃物进行回收再利用，可以有效地实现资源节约。打造资源循环产业，首先要大力推动再制造产业的发展；其次要组织开展各种资源循环工程，例如，"城市矿产"、餐厨废弃物资源化利用、秸秆综合利用等；再次要完善资源回收体系，推进垃圾分类回收和分类加工，加强对分类回收站的建设，实现以分类回收为基础、以集散市场为核心、以分类加工为目的的"三位一体"再生资源回收体系；最后要拓宽视野，积极拓展国际市场，实现国际再生资源的整体循环。

4. 开发新能源产业

新能源产业是目前正在飞速发展的环保产业，新能源具有低碳清洁的特点，风力发电、太阳能等在我国已经得到了广泛的应用，清洁能源占一次能源结构的比重也在逐年上升。我国的新能源领域还有着巨大的可开发空间，新能源的发展可以带来很高的经济效益，同时还能充分减少对其他资源的利用。我国的新能源发展前景较好，除了原有的新能源产业在持续稳定发展，生物质能近些年也在迅速发展。

5. 打造环保产业

废水、废气和固体废弃物是污染的主要来源，针对这三类主要污染物要实施有效的措施来降低污染物对环境的影响。首先，要通过设备改善和技术更新，降低工业废气的排放，对于重点耗能行业要加大整治力度。对于城市废气排放的控制也应持续推进，既要加大管控力度，减少机动车尾气的排放，也要加强环保意识宣传，鼓励群众自觉降低碳排放，实现绿色出行。其次，完善城镇污水处理厂及配套管网设施的建设，增强污水的处理能力，降低排出污水的污染性。推动严重缺水城镇污水再生利用设施建设，实现资源的循环利用。最后，要通过建设生活垃圾处理设施、垃圾焚烧发电厂等方式加强对城镇固体废弃物的处理。针对工业重金属固体污染物、医疗垃圾以及危险废物要有专门的应对处理措施，加强管控，提升治理手段。

除了以上几个方面，绿色经济的发展还离不开电子技术、生物、航空航天、新材料等战略性新兴产业的发展。

（三）相关政策措施

1. 完善政策体系，健全激励机制

加强政策体系的建设，从政策层面支持绿色经济的发展，鼓励人们加强环境保护，积极利用可再生能源和绿色能源。落实政策指导作用，进一步明确工作责任。继续实行差别电价、脱硫电价等政策，鼓励使用可再生能源发电，给予一定的政策辅助，完善费用分摊机制。完善矿产资源有偿使用制度，建立生态环境补偿机制，对污染排放加大管控和惩罚力度。

2. 突出自主创新，强化科技水平

当今社会科学技术是第一生产力，技术的发展制约着绿色经济的实现。因此，要进一步加强自主创新，对于环境保护领域的新兴技术进行重点突破。对于可以大范围使用的技术要加大普及度，增强新兴技术的实用性，提高使用率。对于高精尖技术要攻坚克难，吸收国际先进技术研发经验的同时实现创新性突破，从而创造新的发展点，加强技术创新体系和能力建设，突破关键核心技术瓶颈，保护知识产权。

3. 加大资金投入，开展重点工程

加强各类环保工程的建设，增加财政投入，组织并开展重点环保工程，支持水电、核能、风能、太阳能等加快发展。助力产业的升级改造，推行清洁技术和环保产品，发展绿色交通，拉动绿色经济。

4. 完善服务体系，优化市场环境

建设烟气脱硫特许经营试点，对于城镇污水、垃圾处理开放特许经营权，完善准入机制，创造良好市场环境，完善市场运行体系。探索能源管理新机制，鼓励探索建设—经营—转让等多种建设运营模式。

5. 加强宣传教育，倡导绿色消费

要大力宣传绿色经济理念，提升人们的环保意识，营造良好的环境保护社会风气，促使人们将环保行为融入日常生活的方方面面，改善消费理念，倡导绿色消费。

第二节　绿色发展的社会底蕴与民生取向

一、绿色发展的社会底蕴

（一）绿色发展需要的社会条件

1. 国家力量是绿色发展的基础力量

绿色发展已经成为影响国家发展战略的关键因素。绿色发展是全球化的趋势，势必存在着全球性的竞争，绿色发展要依靠国家的整体力量，从政治层面树立绿色发展的意识，才能实现在全球绿色竞争中获得主动权，仅仅依靠经济或文化层面的影响已经远远不够了。作为最大的发展中国家，中国的绿色发展要走有自己特色的道路，绿色发展要结合本国的优势，将发展以及推广绿色生活方式作为发展的重点。绿色发展对于当前的中国来说既是挑战也是机遇，绿色发展完全有可能成为中国增强国际影响力的新起点。在人类共同面临的全球环境问题面前，中国是一个负责任的参与者。只有借助国家的力量，绿色发展的道路才能更加顺畅。

2. 政府制度是绿色发展的重要推动力

要想在全球绿色竞争中占据有利地位，实现领先，首先要制定"绿色发展制度规划"，绿色发展制度的建立要从长远发展的角度出发，要聚焦我国当前的实际问题，符合我国现实国情，具有操作性和可行性。以生产关系为基础的现实制度决定着现实的社会关系，社会中的每一个人都要遵循这一制度规范进行社会交往。通过建立合理的机制和制度，可以有效平衡和协调经济发展同生态建设之间的矛盾点，找到长远利益与眼前利益、局部利益与整体利益等之间的利益结合点，完成资源的有效配置，提升经济发展效率，促进生态环境保护。只有通过优惠政策和生态补偿等来激励社会绿色发展，加大财政投入，加强相关设施和产业的建设，通过补贴、优惠政策等形式，鼓励社会绿色投资流入，通过法律制裁、经济惩罚等制度安排遏制与绿色发展背道而驰的行为，绿色发展才能具有规范性保障。

3. 公民素质是绿色发展的前提保障

价值观影响着人们的思维方式和行为，实现绿色发展要以正确的价值观导向为基础，要注重群众价值观的树立，培养社会公众对于人与自然关系的正确认识，改变传统"人类中心主义"价值观，强调生态文明观念。从价值观念出发改变人们的生产、生活方式，并在制度、文化等层面引发全面深刻的绿色变革。健全绿色发展的文化体系，提高公众对绿色发展相关概念的认识，使普通百姓养成绿色生活习惯，全面增强整个社会的绿色发展意识，将绿色文化融入社会生态的发展建设中，不断推进绿色发展进程。

当前社会，科学技术的发展已然成为影响国家发展的重要因素，特别是战略高技术的发展，正影响着社会发展的方方面面。科学技术的发明创造、应用转化都需要科技专业人才的作用，因此，科技专业人才是科学技术发展的基础。想要实现绿色发展，就必须注重环境保护领域高素质专家人才的培养，这样才有可能在相关的科研领域研究中占据主导地位，掌握主动权，才有可能将科技发展转化为经济发展和社会生产生活方式的进步，从而影响生态文明建设。

（二）绿色发展应该采取的措施

树立绿色发展理念，加深人们对自然规律的认识，是当前经济发展变革的首要任务，人们需要充分认识人与自然的平等地位，尊重自然规律，杜绝过度开发，将经济发展建立在自然资源可负担的有限范围内，保证自然资源的有效利用和经济发展的可持续性。人类并非自然的主宰，人与自然应和谐共处、共同发展，人类社会的经济发展不能以破坏自然生态环境为代价。

绿色环境发展理念强调对自然环境和人文环境的保护，通过对资源的合理利用来进行人类社会自身的发展，达到人与自然和谐共处、互惠互利的目标。倡导维持生态平衡和发展，改善人类社会环境的生存状态，协调人类与自然环境的关系。绿色环境发展理念的践行是解决我国当前环境问题，维持社会稳定、可持续发展的必然途径。

绿色发展的经济理念强调经济与环保的协同发展，也就是说"环保要经济"，即能够从环境保护活动中获取经济利益，使保护生态环境具有一定的经济价值；同时还要做到"经济要环保"，即经济活动不能破坏自然生态环境，要向有利于环境保护的方向变革。只有大力转变发展模式，才能够保证经济的绿色发展。而转变经济发展模式的工作重点在于提高经济发展质量，讲求生态和发展的平衡，追求健康持续的经济增长，完成生产、分配、消费等各个领域节能减排的变革，使经济和环境协调发展，建立健全绿色产业体系，形成绿色生产方式，从而促使经济的可持续发展。

（三）"两型社会"建设

1. "两型社会"的基本内涵

（1）"两型社会"的提出背景

2005 年，在党的十六届五中全会上，中央正式将建设资源节约型和环境友好型社会确定为国民经济与社会发展中长期规划的一项战略任务，这是从我国国情出发而作出的一项重大决策。"两型社会"的提出最直接的背景是资源能源紧缺和生态环境日益恶化，是我国经济、社会、环境协调发展的战略选择，为推动中国经济社会的新一轮发展指明了方向。

（2）"两型社会"的内涵

"两型社会"是指资源节约型社会和环境友好型社会。"两型社会"的核心内涵是指以最少的资源消耗、最小的环境污染和生态破坏来获得最大的经济和社会效益，形成经济、社会、环境与资源、人口系统协调发展的社会体系。

①资源节约型社会

资源节约型社会的核心理念是将整个社会经济建立在节约资源的基础之上，包括资源节约观念、资源节约型主体、资源节约型制度、资源节约型体系等，是一个复杂的系统。该系统的本质就是节约资源，反对资源浪费和资源的过度使用。构建资源节约型社会，需要对生产、建设、流通、分配、消费等各个领域进行变革，通过具体有效的措施，达到深化经济体制改革、完善产权制度、加快国家创新体系建设的目的，实现对资源的节约和合理利用，从而获得最大的经济和社会效益。通过探索集约用地方式，建设循环经济示范区，深化资源价格改革等方面的一系列配套改革，完成对当前经济社会发展方式和运行模式的重大转变。

②环境友好型社会

环境友好型社会侧重于社会经济发展的生态效率，体现了对自然价值多样性的深刻认识，以及人、社会与自然、生态、环境之间的一种良性互动。环境友好型社会是在资源节约型社会的基础上，进一步对生产、消费活动与自然生态环境的关系进行深化，强调生产对生态的影响。环境友好型社会是一种基于保护自然、人与自然和谐共生基础上的社会新形态，核心是经济活动与自然生态系统协调可持续发展。环境友好型社会要求经济社会发展要以生态环境承载能力为限度，重视经济发展与自然规律的关系，保护生态环境，认识自然、尊重自然、维持自然的健康发展，最终达成人类社会与自然环境协同发展的目标。

建立主体功能区及制定评价指标、生态补偿和环境约束政策是环境友好型社会建设的主要内容。具体措施包括形成有利于生态环境保护的生产和消费方式，大力发展无污染或低污染的技术、工艺和产品，构建少污染与低损耗的产业结构，鼓励发展绿色产业，进行各种对环境和人体健康有益的开发建设活动，完成符合生态条件的生产力布局，大力宣扬绿色发展理念，培养社会公众的环境保护意识。通过一系列有效举措构建由环境友好型企业、环境友好型产业、环境友好型技术、环境友好型产品、环境友好型学校、环境友好型社区等组成的环境友好型社会。

2."两型社会"的主要特征

（1）和谐性

从本质上看，资源环境问题既是人与自然的和谐问题，也是人与人之间的社会关系和谐问题。"两型社会"是人与自然和谐共生、人与人之间全面和谐的一种社会形态。

（2）广泛参与性

"两型社会"是一项重要的"集体行动"，涉及"政府、企业、社会、居民"等利益主体，必须充分调动和协调各主体的积极性和主动性。

（3）整体性与复杂性

"两型社会"建设涉及经济、政治、文化、生态等客体，涉及个人、家庭、社会、企业、政府等多元主体。解决资源环境问题并不单是指保护自然资源、改善生态环境，需要从经济、社会、政治、技术、文化等多个方面入手并采取措施。"两型社会"建设需要从多个角度、多个层面，以整体眼光发展地看待，由各个方面相互交叉、相互作用、相互影响，错综复杂，必须统筹兼顾，用全面、综合的眼光进行充分有效的协调，才能取得良好的成效。

（4）开放性与创新性

"两型社会"应加强体制机制的创新，大力发展产业，鼓励各类组织及公众的参与，以开放、合作的态度，建立资源节约型、环境友好型科学发展体制，加强改革创新，抓好发展模式创新、技术创新、制度创新和文化创新等。鼓励技术创新，提升自主创新能力；完善制度，用新的规范来调节人与自然、人与人、人与企业等的关系；在文化建设方面，要求逐渐培养人们对节约资源和保护环境的认知，形成一种自觉的行为。

我们应从政策层面加强对环境保护的重视，在考核上应更加全面，注重绿色经济的发展，杜绝因片面强调经济指标而造成的以牺牲环境为代价的经济增长。在追求经济增长的同时，考虑资源消耗、环境代价和能源成本。

要在生活和消费领域加强人们的资源节约意识，杜绝资源浪费的现象。一方面，加强对居民环境保护的宣传教育，使居民在日常生活中形成节能减排的意识，履行环境保护责任，践行绿色消费理念；另一方面，党政机关办公人员要起到带头作用，做到在日常工作中自觉节水节电。

3.“两型社会”建设的路径选择

（1）在宏观层次上，侧重国家和政府行为

第一，形成经济社会发展的绿色价值取向。找到生态与经济发展的平衡点，取得经济社会发展和生态环境相互促进的效果，使生态环境的经济价值得到实现。强调优美的生态环境就是生产力、就是社会财富，树立“绿色 GDP”文化。形成“绿色”问题思维，坚持问题导向。转换角度形成“绿色”创新思维，以先进的思想观念解决当前生态文明建设中的问题；明确“绿色”底线思维，不能无限制地开发和利用生态资源来促进当代社会的发展，还要从人类长远发展的角度考虑，不能为了当前需要透支生态环境，影响生态资源的可持续发展。形成“绿色”法治思维，建立健全“绿色”法律体制，从法治角度促进绿色发展，规范生态环境保护行为，保障生态文化建设。

第二，加强生态制度的建设。要加强相关法律法规的研究和完善，综合运用经济、法律和行政手段，为“两型社会”建设提供制度保障，规范经济与生态协调发展过程中的行为。建立健全经济社会发展评价体系，体现生态文明建设在经济社会发展体系中的重要地位，制定严格的考核办法和奖惩机制，将生态效益纳入经济社会发展评价体系。

第三，建立政府绩效绿色考核机制，明确绿色发展在发展战略中的重要地位。完善考核评价体系，形成以科学发展观为指导的，便于操作和纵向、横向比较的新型考核机制。通过对各级政府及其所属部门政绩的考核，引导它们加强生态保护意识，拓展生态保护路径，进一步提升环境效益。绿色考评机制一旦制定必须严格执行，并辅之以相应的奖惩制度。

第四，加强政府监督，增创政府绿色体制机制新优势。"两型社会"建设必须完善绿色发展的行政问责制度，建立全方位的绿色发展考核制度。加强社会组织监督，建立专业性的环保组织进行监督；发挥新闻媒体的作用，对政府和企业在"两型社会"建设过程中的行为进行有效监督。

（2）在中观层次上，侧重企业行为

第一，贯彻落实节约资源、保护环境的基本国策。以节约优先、保护优先、自然恢复为主的方针，指导绿色发展、循环发展、低碳发展，从源头上改变生态环境恶化的现状。树立安全发展意识，改善自然环境，维护生态安全，优化产业结构，改变生产生活方式，建立节约资源和保护环境的空间格局。

第二，转变经济发展方式。贯彻绿色发展的理念，充分利用国家大力发展绿色经济、循环经济和低碳经济的契机，把握机遇创造商机，利用绿色经济开拓市场。对产业结构进行变革，使产业结构适应现代绿色发展理念，降低资源消耗，减少环境污染，加强绿色科技在产业中的实际应用，优化生产方式，形成经济社会发展新的增长点。

第三，形成完善的绿色技术革新机制，鼓励科技创新，不断提高竞争实力，着力实施创新驱动发展战略。把创新摆在第一位，是因为创新是引领发展的第一动力。科技创新是一个国家兴旺发达的不竭动力，是化解生产力发展制约因素的根本办法，也是促进资源节约的有效手段。企业要树立绿色技术创新观念，进一步鼓励和支持自主创新，建立长期有效的激励机制，开发关键技术，比如减量技术、替代技术、再利用技术、延长产业链等。积极推动资源节约、科技开发，运用高新技术和先进技术改造传统产业，加快科技成果转化，推动高新技术和第三产业发展和升级，从整体上全面提高科学技术水平。

（3）在微观层次上，侧重个人行为

"两型社会"的建设离不开社会中每个人的参与，只有社会公众将绿色发展、环境友好理念根植于心中，并融入日常生活方式和行为举止中，才能使"两型社会"建设真正落地。一方面，必须通过不懈的宣传、教育和实践逐步加深公众对"两型社会"的理解，加强环境教育，增强公众环保意识，以取得全社会的共识和参与。另一方面，要倡导绿色消费观念和消费模式，建立资源节约的生活方式和消费体系。

二、绿色发展的民生取向

（一）绿色发展促进人的全面发展

社会发展的目的是给予人民更好的生活环境，造福于人民，因此一切发展都应以人为本，维护人类社会的实际利益和尊严。绿色发展能够带领人们走向美好生活，实现人的全面发展。这既是对人的价值的追寻，更是深层次的人文关怀。

1. 理论依据

马克思主义认为，发展的最终目标是"人的全面而自由的发展"。按照马克思对人本质的分析，必须从人的现实关系来审视人的本质。如果离开了现实利益关系的冲突与整合，人的本质或人的全面发展就只能成为一句空话。因此，只有从人与自然相互关系出发，分析人与自然相互作用给人的全面发展所带来的正负效果，才能真正在现实背景中分析人的全面发展的新走向。传统发展理念将人当作工具和手段，而绿色发展理念则是重视人作为社会主体的重要地位，以满足人类需要、提升人类整体素质为目的，实现人的全面发展。习近平同志指出："人民对美好生活的向往，就是我们的奋斗目标。"①

2. 以人为本是绿色发展的核心价值

发展为人，发展也在人。人类的全面发展是绿色发展的目标，通过一系列有效措施，促进人类的才能、志趣和道德品质的全面发展，满足人们的需要，使人们的自由个性能够全面发展。绿色发展是人类全面发展的重要途径，主要体现在两个方面：

（1）绿色发展理念体现了系统论的观点

山水林田湖是一个生命共同体，人的命脉在田，田的命脉在水，水的命脉在

---

① 任仲文. 如何走好新的赶考之路 [M]. 北京：人民日报出版社，2022：112.

山，山的命脉在土，土的命脉在树。要想充分地理解这个理念，就要从人民的根本利益出发，坚持人民的主体地位，形成以人类为中心的生态系统。从我国传统"天人合一"的角度看，山水林田湖的生命共同体也可以理解为天人共同体。天人共同体从现代发展的眼光来看，其关键点在于生产、生活、生态三者的协调发展。生态系统的稳定和可持续发展，是天人共同体形成的基础，因此要加强绿色发展理念，使生态生产力、科技生产力、社会生产力三者相互促进、协调发展，形成人与自然和谐发展的现代化建设新格局。

（2）以人为本是绿色发展的价值追求

高质量的社会发展，要求全体社会公众能够共享发展成果，在保证经济较快增长的同时，实现平等与权利的增长，绿色发展观秉承这样的理念，不断满足公众对生存、发展和生活质量三大不同层次生活的由低到高不断递升的需要，注重人们幸福指数的提升和公共服务质量的改善，将以人为本作为发展的核心，实现人的需要和民生改善的良性互动。

3. 在绿色发展中实现"人的全面发展"

人与自然的关系反映的是人类文明与自然演化的相互作用。人类的生存发展依赖于自然，同时也影响着自然的结构、功能与演化过程。在绿色发展中实现"人的全面发展"，需要重点把握好三个方面：

（1）厘清人与自然的辩证关系

在生态文明建设已经纳入人类发展视野的今天，仅从一个社会的所有制关系和社会平等自由的实现程度来考察人的全面发展似乎已经不够。一个社会生态文明的实现程度体现于人在实践中获得自由的程度，也是人的全面发展的实现程度的表现。换言之，人与自然关系的实践积淀体现着人的全面发展。人类的生存和发展离不开自然环境，人类与自然环境的交互是必需的，人类与自然环境的联系是密切的，人类是自然界的一部分，自然界既是改造、利用的对象，也始终是人类社会发展的约束条件。人实现自身的全面发展的重要物质前提是自然生态系统可持续发展。

（2）遵循人与自然发展的客观规律

人类中心主义思想是人改造自然或人定胜天，强调人化自然的重要性，这是人类发展利益驱动性的必然外显，但是不能忽视人与自然的密切联系，理解人与自然的关系并非无限度地开发自然以满足人类社会自身发展的需求，而是应该使人类社会发展与自然发展相协调，要重视人类与自然界之间作用与反作用的辩证关系。人类社会的"发展力"，不仅来自人类社会自身，还需要平衡自然的"支撑力""恢复力""损害力"等之间的关系，形成有利于人与自然协调发展的"可持续力"。因此，人类社会的"利益"和自然的"利益"具有内在的统一性，自然"利益"是人类"利益"的物质基础，若人类社会忽略这个关键点，人的全面发展就失去了基本的物质基础。

（3）促进人与自然的和谐发展

人的全面发展是一项综合化、系统化的复杂工程。要合理地对自然进行开发和利用，尊重客观自然规律，实现人类社会和自然环境的和谐统一发展。

（二）绿色发展带来良好的民生福祉

生态环境一方面为经济发展提供空间和基本原料，是进行生产的基本条件；另一方面作为自然的一部分，人类自身也有生态需要，良好的生存环境是人类活动的基本前提，也是民生福祉的基本构成。

1. 生态环境是人民幸福指数的重要组成部分

习近平同志指出："人民群众对环境问题高度关注，可以说生态环境在群众生活幸福指数中的地位必然会不断凸显。"[①]

随着人们生活水平的提高，人们的精神文化需求也逐步提升，亲近自然环境逐渐成为人们满足自身高层次需求的主要途径。因此，生态环境的改善成为提升人民生活幸福感的关键，也是对人民生活质量和生命健康的保障。

2. 生态环境事关人民的基本生存权

良好的生态环境是人类生存的基本条件。1972 年，第一次人类环境会议发表了著名的《人类环境宣言》，提出"只有一个地球"的口号，并宣布，"人类有权在一种能够过尊严和福利的生活环境中，享有自由、平等和充足的生活条件的基本权利，并且负有保护和改善这一代和将来世世代代的环境的庄严责任"[②]。在谋求生存和发展中改善、保护环境，已经成为人类在 21 世纪的首要命题。

---

① 陈俊霞，张彦丽，雷萌萌. 美丽中国建设中的绿色生活方式研究 [M]. 济南：山东大学出版社，2021：93.

② 林灿铃. 国际环境立法的伦理基础 [M]. 北京：中国政法大学出版社，2019：211.

解决环境问题已经成为保障人民生存权利、保障人民生命健康的迫切任务。习近平同志指出，把生态文明建设放到更加突出的位置，这也是民意所在。满足人民生态需求、保障人民生存权益，必须坚持绿色发展理念，把生态文明建设摆在更加突出的地位，采取综合措施解决环境污染问题，重点解决危及人民身体健康的紧迫问题。

3. 生态文明能够保障人民的发展权益

生态需求既是人民群众的基本需求，也是更高层次的需求。人民群众在物质条件和基本生存权利得到满足后，必然会追求健康的生活方式、优美的生活环境和优质的生态产品。

立足于社会发展、文明进步和人的全面发展，生态环境仅仅满足人民最基本的生存状态是远远不够的，还要为社会成员创造发展机会。良好的生态环境不仅可以提升人民的幸福生活指数，有利于人民的生命健康，还可以为人民的生产和发展提供更广阔的空间，满足人民的精神文化需求。在当代社会，生态环境可以充分体现一个地区的新兴技术发展水平和当地人民的综合素质、道德水平以及文明程度。

习近平同志指出，"绿色发展和可持续发展的根本目的是改善人民生存环境和生活水平，推动人的全面发展"①。因此，生态文明建设的本质就是为人民谋福祉，改善人民生存的物质环境和精神文化环境，让人民过上更加美好幸福的生活，拥有更多的发展机会，建设美丽中国。

4. 绿色民生才是有质量的民生

绿色民生不仅体现在我们所能直接看到的物质生活，包括人们的衣、食、住、行、用等各个方面，还体现在更深层次的制度需求和精神需求上，也就是人们在一定经济基础之上更高层次的追求，体现在生存民生、幸福民生、可持续民生和法治民生等方面。

（1）绿色民生要以绿色低碳发展理念为支撑

绿色民生是以节约资源、保护环境为核心理念，以资源节约型、环境友好型的生产方式和消费模式为支撑，通过降低能源消耗、降低温室气体排放强度、推

---

① 石小娇. 生态的希望空间：马克思主义绿色发展观研究 [M]. 北京：中国政法大学出版社，2020：56.

广低碳技术等方式实现的具有可持续发展能力的民生。

（2）绿色民生体现客观数字和主观感受的同步提高

绿色民生更关注人民精神文化层面的需求，主要是为了提升人民的社会满意度、环境舒适度和生活幸福指数，具体表现为人民的收入增加、出行更便捷、居住条件的提升、基础公共设施更加丰富以及教育、医疗、养老更加完善。生态环境影响着经济发展和社会稳定，因此治理环境、保护生态健康才能追求更高层次的生活幸福感。

（3）绿色民生是可持续发展的民生

我国疆域辽阔、地大物博，但是人口压力较大，人均资源占有率较低，基于这个现实问题，生产方式的变革就显得尤为迫切。要采用高效、高附加值、低能耗、低污染的生产模式；要进行生产结构变革，加强能源节约和环境保护，形成与自然协调发展的增长方式和消费模式，从而保证绿色民生的可持续发展。绿色民生既强调满足民众的眼前利益，又关注对环境的保护和人类的全面发展，是一种超越了一般民生发展权的可持续发展的民生。

第三节　绿色发展与"绿水青山就是金山银山"

一、"绿水青山就是金山银山"的内涵

党的十九大报告明确提出，"建设生态文明是中华民族永续发展的千年大计。必须树立和践行绿水青山就是金山银山的理念，坚持节约资源和保护环境的基本国策，像对待生命一样对待生态环境"[1]。"绿水青山就是金山银山"理念充分揭示了环境与经济在发展过程中的相互关系，指出了人类社会发展的基本规律，能有效指导我国的生态文明建设。

（一）"绿水青山就是金山银山"理念的"新时代观"

我国针对环境问题和经济社会发展现状提出了一系列的政策和方案，例如《关于加快推进生态文明建设的意见》《生态文明体制改革总体方案》《关于设立

---

① 李明福. 能源中国 [M]. 上海：上海教育出版社，2020：137.

统一规范的国家生态文明试验区的意见》《生态文明建设目标评价考核办法》《关于构建现代环境治理体系的指导意见》等，从国家制度层面明确了"绿水青山就是金山银山"理念的指导思想地位，加快推进生态文明建设和深化生态文明体制改革，将现代化建设与环境保护充分结合，从而形成人类社会与自然环境和谐发展的新格局。

"绿水青山就是金山银山"理念是马克思主义中国化的最新理念成果，这个理念的提出可以有效解决发展中的问题和缺陷。将"绿水青山就是金山银山"理念与"一带一路"倡议进行充分结合，可以进一步激发多方的潜能，充分发挥各方优势，共同打造人类利益共同体和命运共同体。

（二）"绿水青山就是金山银山"理念的"新系统观"

"绿水青山就是金山银山"理念不仅对于生态保护有着重要意义，而且涉及我国社会主义建设的经济、社会、政治与文化等各方面，是处理生态保护与经济、社会、政治与文化发展关系的重要依据和指导思想。中国特色社会主义建设正处于从局部现代化向实现全面现代化转型的关键时期，党的十八大报告创造性地提出了"五位一体"的总体布局，党的十九大报告要求"加快生态文明体制改革"，而"绿水青山就是金山银山"理念更是明确突出生态文明在"五位一体"中的地位。"绿水青山就是金山银山"理念指导着我国的生态文明建设，对于全人类的发展也有着重要意义，对此，党的十八届五中全会站在全球思维的系统发展角度提出了"创新、协调、绿色、开放、共享"的新发展理念，明确了新时代生态文明建设的五大路径。"绿水青山就是金山银山"理念旨在为全人类的发展谋福祉，是我国社会主义现代化建设关键时期的重要指导思想，反映了我们党对社会主义建设规律的新认识，体现了广大人民群众的根本利益。

"天生物有时，地生财有限，而人之欲无极，以有时有限奉无极之欲，而法制不生期间，则必物殄而财乏用。"要实现人类社会发展与自然生态保护的和谐统一，就要坚持贯彻"绿水青山就是金山银山"理念，并以此为指导构建生态文明建设六大体系。"生态空间体系、生态经济体系、生态环境体系、生态人居体系、生态文化体系、生态制度体系"相互联系、相互支撑。一是要坚持统一布局，构建生态空间体系，科学合理优化布局；二是要打好实现基础，加快转型升级，发展绿色低碳循环的生态经济体系；三是要明确实质目标，既要治标也要治本，维护清洁安全稳定的生态环境体系；四是要实现人天共享，合理统筹规划，以规划指导生态人居体系的建设，努力建成优美舒适宜居的人居环境；五是要以文化为道德载体，坚持文化育人，培育和谐文明多元的生态文化体系；六是加强行为规范，实现城乡统筹，健全高效民主完善的生态制度体系。

（三）"绿水青山就是金山银山"理念的"新矛盾观"

当前人们已经意识到，"绿水青山"和"金山银山"并不对立，并非此消彼长的关系，"绿水青山"可以带来"金山银山"，生态资源就是经济资源，生态保护可以有效促进经济发展。只有正确把握生态环境与经济发展的关系，保护生态环境从而因地制宜地进行产业开发和经济建设，加快推进生态资源向经济效益、社会效益的有效转化，才能实现百姓富、生态美的有机统一，实现可持续发展。保护生态环境有助于推进现代化建设，保护生态资源就是保护生产力，改善生态环境就是发展生产力，如何实现生态环境与经济发展的和谐统一、共同进步关键在于方式方法的选择，要确立正确的发展思路，坚持贯彻"绿水青山就是金山银山"的发展理念。

"绿水青山就是金山银山"是立足现实对生态环境与经济发展关系的高度总结，是基于过往经验教训作出的科学论断，明确了生态保护与发展的关系，厘清了未来的发展思路，是人类对发展意义的思考，为当前面临的一系列生态问题提出了有效的解决办法，彰显了当代中国共产党人高度的文明自觉和生态自觉。"绿水青山就是金山银山"理念是我党对人类社会发展规律、社会主义建设规律、共产党执政规律的认识的深化和提升，将生态保护和人类发展之间的关系提升到了一个新的高度，深刻阐述了人与自然对立统一的关系。"绿水青山就是金山银山"理念是对什么是生态文明、怎样建设生态文明问题的有效回答，是解决生态文明建设中一系列实践问题的思想指导。"绿水青山就是金山银山"说明了生态环境的根本价值，阐释了人与自然的直接关系，人类社会与自然是互相影响、和谐共生的，人类诞生于自然，无法离开自然环境，人类的生产活动也会影响自然环境，进而再作用于人类社会本身，因此要充分认识到可持续发展的重要性，不能只注重经济发展规律而忽略客观自然规律，而是要顺应自然发展规律，采用集约、高效、循环、可持续的利用方式开发自然资源、环境容量和生态要素。"绿水青山就是金山银山"理念是对生态环境保护与发展关系的辩证唯物思考，是社会主义生态文明观的基础理念，我们应贯彻这个理念，理解生态保护的社会价值和经济价值，保护资源就是保护社会发展的生产力。

（四）"绿水青山就是金山银山"理念的"新生态观"

从辩证唯物观的角度看，人类源于自然，依靠自然发展并与自然对抗，试图驾驭自然，但最终还是会与自然走向和谐统一。马克思主义生态观已经对人与自然的关系进行了充分的解释，揭示了人类发展最终要回归到人与自然统一的本质，从哲学意义上阐明了人类社会发展历程的最终目的，明确了人在自然界中所扮演的角色。人们对生态环境价值的认识随着人类社会的发展而不断进步和深入，逐步探索生态保护与发展关系的本质，人类文明由狩猎文明时代过渡到农耕文明时代再到工业文明时代，对自然的认识也在随之变化。当前人们已经充分认识到与自然融合发展的重要性，可以说"绿水青山就是金山银山"理念将人类对自身发展与自然关系的认识进行了高度概括，是人与自然双重价值的体现，有着丰富的哲学内涵和实践价值。"绿水青山就是金山银山"理念可以有效指导社会主义生态文明建设，是对马克思主义生态观的现代实践。

"绿水青山就是金山银山"理念是建设社会主义生态文明的方法论，阐明了发展与保护的内在统一本质，说明了人与自然相互促进、和谐共生的必要性，是马克思主义生态观的进一步发展和现代化实践。在"绿水青山就是金山银山"理念的指导下，中国可以加快推进生态文明建设的进程，早日实现中华民族绿色崛起。"绿水青山就是金山银山"理念正是以"天人合一"道德观为核心的现代化生态发展思路，加强"绿水青山就是金山银山"理念自然生态观的宣传，使其成为社会共识和国际共识，培养全人类的生态保护意识，从而实现对全球生态环境的改善和保护，使全球经济发展和生态保护趋于平衡和统一，为人类社会发展带来新的福祉。

（五）"绿水青山就是金山银山"理念的"新发展观"

"绿水青山就是金山银山"理念说明了生态环境对经济发展的深远影响，保护环境就是保护生产力，生态是可持续发展的基础，没有良好的生态环境与自然资源资产，可持续发展也就无从谈起。生态环境本身就可以带来经济效益，改善生态环境是发展生产力的重要途径。从科学发展观的角度看，生态与发展是共同进退的关系，"生态兴则文明兴，生态衰则文明衰"。

"绿水青山就是金山银山"理念的重要思想是"五位一体"总体布局与"四个全面"战略布局的重要理念支撑。党的十九大报告明确提出，一是要推进绿色发展，二是要着力解决突出环境问题，三是要加大生态系统保护力度，四是要改革生态环境监管体制。我们应坚持节约资源和保护环境的基本国策，积极践行"绿水青山就是金山银山"的发展理念，建立健全生态环境保护制度，对生产生活方式进行改革创新，强化生态保护意识，走生产发展、生活富裕、生态良好的文明发展道路，建设新时代的美丽中国。

二、"绿水青山就是金山银山"与绿色发展

（一）经济与环境的双向发展历程

1978 年，中国开始实行对内改革、对外开放的政策，加快了我国经济的发展步伐。1989 年《中华人民共和国环境保护法》（以下简称《环境保护法》）通过，环境保护迈向法治轨道。1978—1992 年，经济增长加速，环境问题开始显现；1992—2012 年，经济的高速发展给生态环境带来了压力。2012 年以后，经济发展进入新常态，环境保护与经济发展协同并进。2013 年发表的《2012 年中国人权事业的进展》白皮书，首次将生态文明建设写入人权保障，提出将坚持树立尊重自然、顺应自然、保护自然的生态文明理念。2013 年，环境保护部发布了《关于印发〈国家生态文明建设试点示范区指标（试行）〉的通知》，随后，国家发展改革委员会同财政部、国土资源部、水利部、农业部、国家林业局联合发布了《关于印发国家生态文明先行示范区建设方案（试行）的通知》，明确提出将在全国范围内选择有代表性的 100 个地区开展国家生态文明先行示范区建设。2015 年 1 月 1 日新《环境保护法》正式施行，涉及监督管理、保护和改善环境、防治污染和其他公害等内容，被称为"史上最严"的《环境保护法》。

2015 年《中共中央 国务院关于加快推进生态文明建设的意见》与《生态文明体制改革总体方案》审议通过。2016 年《关于设立统一规范的国家生态文明试

验区的意见》出台。2018 年《中共中央 国务院关于全面加强生态环境保护 坚决打好污染防治攻坚战的意见》印发。2019 年，党的十九届四中全会通过《中共中央关于坚持和完善中国特色社会主义制度、推进国家治理体系和治理能力现代化若干重大问题的决定》，实行最严格的生态环境保护制度，加快建立健全国土空间规划和用途统筹协调管控制度，完善绿色生产和消费的法律制度和政策导向；全面建立资源高效利用制度，实行资源总量管理和全面节约制度，健全资源节约集约循环利用政策体系，普遍实行垃圾分类和资源化利用制度，健全海洋资源开发保护制度，加快建立自然资源统一调查、评价、监测制度，健全自然资源监管体制。健全生态保护和修复制度，构建以国家公园为主体的自然保护地体系；严明生态环境保护责任制度，落实中央生态环境保护督察制度，健全生态环境监测和评价制度。2020 年，中共中央办公厅、国务院办公厅印发了《关于构建现代环境治理体系的指导意见》，一是健全环境治理领导责任体系，二是健全环境治理企业责任体系，三是健全环境治理全民行动体系，四是健全环境治理监管体系，五是健全环境治理市场体系，六是健全环境治理信用体系，七是健全环境治理法律法规政策体系。

"绿水青山就是金山银山"理念的提出是对生态保护与经济发展关系认识的重大突破，是人类绿色发展之路上的重大转折，也是实现可持续发展的重要举措和建设美丽中国的重要实践。

（二）"绿水青山就是金山银山"理念引领绿色发展

党的十八大以来，治国理政新思想一直致力于寻求如何正确处理好人与人、人与自然、人与社会的关系，如何正确处理好生态环境保护和社会发展的关系，如何平衡好生态环境、经济利益、民生福祉三者之间的关系，如何开展积极有效的绿色发展。

2013 年，习近平总书记提出"宁要绿水青山，不要金山银山"[①]，清楚表明当经济利益与生态环境发生冲突矛盾时，必须毫不犹豫地把保护生态环境放在首位，绝不能走以牺牲生态环境为代价去换取一时的经济增长，以牺牲后代人的幸福为代价换取当代人的所谓"富足"，"先污染后治理"，用"绿水青山"去换"金山

---

① 习近平 . 绿水青山就是金山银山——关于大力推进生态文明建设 [N]. 人民日报，2014-07-11.

银山"的路。2015 年 5 月，中共中央、国务院印发了《中共中央 国务院关于加快推进生态文明建设的意见》(以下简称《意见》)，对生态文明建设作出全面部署，《意见》通篇贯穿了"绿水青山就是金山银山"的理念。"坚持绿水青山就是金山银山"正式写入党中央文件，"绿水青山就是金山银山"理念成为治国理政的基本方略和重要国策。

2016 年 5 月，以"绿水青山就是金山银山"为导向的《绿水青山就是金山银山：中国生态文明战略与行动》被联合国环境规划署认定是"为世界可持续发展"提供的"中国方案"。同年 12 月，习近平总书记对生态文明建设作出重要指示，要求各地区各部门切实贯彻发展新理念，树立"绿水青山就是金山银山"的强烈意识。2017 年，环境保护部授牌全国 13 个地区为第一批"绿水青山就是金山银山"实践创新基地，作为我国探索"绿水青山就是金山银山"实践路径典型做法和经验的重要载体，为全国其他地区推进生态文明建设树立了标杆样板，具有重要的示范引领作用；同年 10 月，习近平总书记在党的十九大报告中指出"生态文明建设功在当代，利在千秋。我们要牢固树立社会主义生态文明观，推动形成人与自然和谐发展现代化建设格局"①。"绿水青山就是金山银山"是社会主义生态文明观的核心价值理念。2017 年 10 月，"增强绿水青山就是金山银山的意识"通过审议写入党章。

2018 年，全国生态环境保护大会召开，"绿水青山就是金山银山"被列为习近平生态文明思想六项原则之一；同年 6 月，中共中央、国务院印发了《中共中央 国务院关于全面加强生态环境保护 坚决打好污染防治攻坚战的意见》，将"坚持绿水青山就是金山银山"发展理念作为习近平生态文明思想的重要组成部分写入其中；同年 12 月，生态环境部命名北京市延庆区等 16 个地区为第二批"绿水青山就是金山银山"实践创新基地，为全国各地区提升生态产品供给水平和保障能力，创新生态价值实现的体制机制，打造绿色惠民、绿色共享品牌提供了更多的试点示范。2019 年，十三届全国人大二次会议举行的记者会上，时任生态环境部部长的李干杰同志表示开展"绿水青山就是金山银山"实践创新基地建设，通过试点示范，努力探索以生态优先、绿色发展为导向的高质量发展新路子，形成

---

① 习近平.决胜全面建成小康社会 夺取新时代中国特色社会主义伟大胜利——在中国共产党第十九次全国代表大会上的报告 [N].人民日报，2017-10-27.

在全国可推广、可复制的模式。全国各个地区"绿水青山就是金山银山"实践创新基地建设实施方案、实践创新基地建设管理规程纷纷印发实施，成为生态文明建设的生动实践。同年 11 月，北京市门头沟区等 23 个地区被命名为第三批"绿水青山就是金山银山"实践创新基地，授牌命名数量不断增多，深刻展现了生态文明建设广泛深入开展，"绿水青山就是金山银山"实践创新基地建设的成功性。

2020 年，中共中央办公厅、国务院办公厅印发了《关于构建现代环境治理体系的指导意见》，对健全环境治理领导责任体系、健全环境治理企业责任体系、健全环境治理全民行动体系、健全环境治理监管体系、健全环境治理市场体系、健全环境治理信用体系、健全环境治理法律法规政策体系提出了要求。

第四节　绿色发展方式与绿色生活方式

一、绿色发展方式

（一）循环发展

1. 循环发展概述

循环发展（cyclic development）是一种建立在资源回收和循环再利用基础上的经济发展模式。传统资源的利用是单向的过程，资源经过转化变为产品并产生废弃物，循环发展从根本上改变了这种模式，人类利用技术手段将资源经过产品后转化为可再次利用的可再生资源，实现了资源的高效、循环利用。生产方式发生改变，经济增长模式由传统依赖资源消耗的单向线性增长转变为可持续的增长。

循环发展的特征为"减量化（Reduce）、再利用（Reuse）、再循环（Recycle）"，简称 3R 原则。具体而言：减量化原则要求以尽可能少的资源来完成既定的生产目标，这就需要依靠科技进步和制度创新，提高资源的利用水平和单位要素的产出率；再利用原则要求将同一资源应用于尽可能多的生产过程中，这就需要通过构筑资源循环利用产业链，建立起多个产品生产过程中资源的循环利用通道；再循环原则要求重新发掘废弃资源的新功能，使其再次返回到生产过程之中，这就需要通过对废弃物的无害化处理，减少废弃物排放，变废弃物为可再生资源。

2. 循环发展的运作方式

（1）构筑企业内部小循环

要做到经济可持续增长，首先要求企业内部树立循环发展理念，实现企业内部资源使用的减量化、再利用和再循环。企业内部要以循环发展理念为核心，优化生产环节，进行生产管理，实现企业内部资源利用的最大化，减少废弃物排放。

构筑企业内部小循环需要两个条件作为支撑：一是企业必须清晰地认识到循环发展可能带来的收益，进而激发企业发展循环经济的能动性和创造性；二是企业必须有良好的知识储备和技术水平为支撑，必须让企业意识到发展循环经济是切实可行的。

（2）构筑产业链条中循环

企业的发展必定存在前后向关联，即企业必然嵌于某一产业链条之中。企业内部小循环与企业间的循环发展相结合，实现以产业链条为载体的中循环，企业间的物质也可以循环转化，实现废弃物的再利用。循环发展要以企业为载体，逐步扩展到全产业链，由内而外、由小及大，逐步实现生产全链条的循环发展。

循环经济产业园区是经济实践层面构筑产业链条中循环的重要途径。循环经济产业园区是在一定地域范围内，通过产业的合理组织，在产业的纵向、横向上建立企业间物质流的集成，实现资源在不同企业之间和不同产业之间的充分利用，建立以二次资源的再利用和再循环为重要组成部分的循环经济区。

（3）构筑社会整体大循环

循环发展理念要渗透在全社会的各个层面，包括生产性活动和非生产性活动。商品消费层面、城乡间资源和劳动力流动都是实现循环发展的重要环节，因此要从社会整体角度出发，推进循环发展，构建社会整体大循环。实现社会整体大循环既要依靠企业的生产方式变革和循环园区的建设，也要依靠社会公众的参与，创建循环经济城市，将循环发展理念融入城市基础设施建设、工业、农业和服务业发展以及百姓的生活细节中。

（二）低碳发展

1. 低碳发展概述

低碳发展（low-carbon development）是一种绿色经济发展模式，核心是减少温室气体排放。实现低碳发展就要坚持走可持续发展道路,推进技术创新、制度建设和产业转型,开发新能源替代对煤炭、石油等高碳化石能源的使用。低碳发展是"低碳"与"发展"的有机结合,一方面要降低二氧化碳排放,另一方面还要实现经济社会发展。因此,低碳发展并非一味地降低二氧化碳排放,而是要通过能源体系创新、产业体系优化以及低碳技术进步等,在减排的同时提高经济发展效益和竞争力,摆脱经济发展的能源约束困境。

2. 低碳发展的运作方式

（1）构建低碳能源体系

构建低碳能源体系就要加快对新能源的开发,从而使新能源可以有效替代煤炭、石油等高碳化石能源在社会生产中的作用。低碳能源包括两类:一类是可再生能源,如风能、太阳能、生物质能等,这类能源的使用可以有效减少碳排放,甚至可以实现零排放,并且资源可以永续利用;一类是清洁能源,如核能、天然气等,这类能源污染较小,对生态的危害要远低于石油、煤炭等能源。

我国构建低碳能源体系具有大规模开发的资源条件和技术潜力,尤其是针对水电、风能、太阳能的开发已经具备了较为成熟的开发技术。同时,针对核能、生物质能的开发利用,我国还广泛地开展国际合作,已经在多个方面取得了突破性进展。

（2）构建低碳产业体系

低碳产业是指在生产的过程中碳排放量最小化或无碳化的产业,具有低能耗、低污染、低排碳的特征。构建低碳产业体系,具体而言:第一产业的发展要以绿色、有机、生态农业为核心替代传统农业生产;第二产业要以绿色新兴产业为核心替代传统工业;第三产业要以现代服务业为核心,大力发展电子商务、生态旅游、信息会展等行业。

我国构建低碳产业体系可以从农业低碳化、工业低碳化和服务业低碳化三个方面展开,具体而言:在农业低碳化过程中,我国主要强调大力发展植树造林、节水农业、有机农业等内容;在工业低碳化过程中,我国主要强调大力发展节能工业,并促进工业结构转型;在服务业低碳化过程中,我国主要强调发展绿色服务、低碳物流和智能信息化产业等内容。

（3）构建低碳技术体系

低碳技术是相对高碳技术而言的，是降低生产过程中对高碳化石能源依赖的新技术。低碳技术可以细分为零碳技术、减碳技术和负碳技术。其中，零碳技术包括核能、太阳能、风能、水能等可再生能源开发和利用的技术等，减碳技术包括煤的清洁高效利用、油气资源和煤层气的勘探开发技术等，负碳技术包括二氧化碳捕获与埋存（CCS）技术等。构建低碳技术体系是发展低碳经济的前提和保障，没有低碳技术的支撑，发展低碳经济将面临更大的成本和风险。

我国对于低碳技术体系的构建十分综合、全面，尤其在清洁煤炭技术的发展上效果显著，通过积极引进先进技术并自主研发创新，加强示范工程建设等方式，实现煤炭加工、煤炭高效洁净燃烧、煤炭转化、污染排放控制与废弃物处理的全方位优化升级。

（三）生态发展

1. 生态发展概述

生态发展（ecological development）是指在生态系统承载能力范围内，运用生态经济学原理和系统工程方法改变生产方式，发展生态高效产业，建设体制合理、社会和谐的文化以及生态健康、景观适宜的环境。生态发展阐释了经济发展与生态发展的密切协同关系，强调在发展经济的同时注重环境保护。

2. 生态发展的运作方式

（1）发展单一型生态经济

发展单一型生态经济的建设主体是微观企业，要求企业通过有效地促进经济与环境的协调持续发展，走向良性和长期发展的道路。具体而言，发展单一型生态经济要求企业在生产的过程中，积极履行社会责任，制定、实施、评审、维护以实现经济利润与环境保护协调发展为目的的组织结构、生产活动和操作程序等。

ISO14001是国际标准化组织（ISO）针对企业制定的一系列环境管理国际标准，包括环境管理体系（EMS）、环境管理体系审核（EA）、环境标志（EL）、生命周期评价（LCA）、环境绩效评价（EPE）、术语和定义（T&D）等内容，对于企业发展单一型生态经济提出了具体的要求和规范。目前，许多国家明确规定生产产品的企业应通过ISO14001认证，未通过ISO14001认证已成为阻碍企业争取更大市场份额以及进行国际贸易的技术障碍。

（2）发展结合型生态经济

发展单一型生态经济着眼于单个企业内部，而发展结合型生态经济则着眼于多个企业之间，要求多个企业依据生态学的原理，以实现经济发展和促进环境保护为目的，建立起物质交换、能量交换、信息交换和价值交换的生态链条。相对于单一型生态经济，结合型生态经济关注到企业间的相互作用关系（竞争关系、共生关系、寄生关系和捕食关系等），认为要实现经济与环境的双赢，仅仅实现微观企业内部生态发展是不够的，还需要对企业间的相互作用关系进行规范和引导，促进产业层面的生态化发展。

建设生态工业园区是发展结合型生态经济的最典型形式之一。生态工业园区就是将原本就具有产业前后向关联的多个企业集聚到某处，再将生态发展理念融入企业间的前后联系之中，以实现企业生产效率与环保效率同步提升的目的。

（3）发展复合型生态经济

相对于单一型生态经济和结合型生态经济，发展复合型生态经济的内涵更加宽泛，不仅包含了单一型生态经济和结合型生态经济强调的生产过程的生态化，同时还要求其他社会活动同样遵循生态化发展思路，进一步发展诸如生态物流等新业态，培育生态消费等新观念。

发展复合型生态经济的最典型实践就是建设生态城市。生态城市的概念由20世纪70年代联合国教科文组织在其发起的"人与生物圈计划"（MAB）研究过程中提出，强调城市是以人为主体，由社会、经济和自然三个子系统构成的复合生态系统。生态城市的"生态"包括两层含义：一是人与自然环境的协调关系，二是人与社会环境的协调关系。因此，建设生态城市并不仅仅意味着绿色环保，还意味着创造生机勃勃的经济，必须兼顾环保、经济发展与社会和谐三大目标。

二、绿色生活方式

（一）绿色生活方式的内涵

人类的生存、发展与自然环境的良好发展息息相关，保护生态环境就是保护人类自身的切实利益，改善生态环境就是改善人类的生存、居住环境。保护生态环境就要从人类的日常生活方式出发，树立环保意识，减少污染排放，加强对可再生资源的开发，形成绿色、环保的消费习惯，节约资源，逐步形成绿色生活方式，通过生活方式的改变达到保护环境、实现可持续发展的目标。

（二）绿色生活方式的主要特征

1. 亲近自然

人类首先要亲近自然、接触自然，认识到人类与自然的密切关系，领略到自然的魅力，才能发自内心地保护自然。现代社会人们直接接触自然的机会较少，特别对于城市居民来说，忙碌的生活和客观环境使他们很少能亲身感受自然的魅力，因此可以采用一些现代化的方式，实现人与自然的交互。近几年"蚂蚁森林"深受人们喜爱，它以互联网为纽带，将人类的日常生活与戈壁滩的环境保护联系在一起，是人与自然和谐相处的新方式。

2. 注重环保

践行绿色生活方式就要注重环保，环保意识体现在衣、食、住、行等各个方面，例如，树立环保的消费观念，购买生态产品；节约资源，对水资源进行重复利用等。社会公众的日常生活要积极践行坚持节约资源和保护环境的基本国策，树立环保意识，注重对资源的节约，从小事做起，为建设社会主义生态文明做出贡献。

3. 绿色消费

绿色消费是一种可持续发展的消费观念。现代消费观要在不影响人类的未来生活、维持自然生态平衡的前提下，提升生活质量，改善生活条件。绿色消费的实现要依靠人们的自觉意识，比如，在出行时选择更为绿色环保的交通方式，从而减少碳排放。

4. 节约资源

我们应节约资源，注重资源的循环利用，反对铺张浪费。对于可二次利用的生活水、废旧书籍和衣物等要妥善处理，加强环保意识，养成环保习惯，提高资源的利用率，节省资源。

（三）绿色生活方式的转型

1. 绿色生活转型的现状

随着政府的不断努力和人民群众的自觉践行，我国的绿色消费体系正在不断发展和完善。近年来，为加强生态保护，实现可持续发展，我国逐步提高低耗能源的使用率，减少不可再生能源的消耗；提升森林覆盖率，提升生态环境的稳定性；推行垃圾分类，重视资源的循环利用。

我国要进一步树立全民环保意识，加强人民群众对生态环境保护重要性的认识，在生活中践行环保要求；加强政策完善和制度完善，推进绿色消费战略在服装、食品、住房、交通等领域的实施。

2. 绿色生活转型的实践路径

（1）加强相关主体的参与

①政府

政府是绿色发展和绿色生活的领导者。政府要加强政策方面的支持，无论是从百姓生活还是企业生产上，都要大力倡导绿色生活理念，推广绿色产品，鼓励绿色消费；政府还要完善监管措施，对于环境污染行为和资源浪费行为要严格制止并按相关规定进行处罚。

②企业

企业应自觉践行环保意识，树立环保责任意识，从自身做起，促进产业的绿色转型。一方面要加强技术创新，积极引进环保技术，对高耗能设备进行更新换代；另一方面要改变生产模式，降低能耗，减少污染物排放，探索废物循环利用的途径，实现循环发展。另外，企业还要注重对员工绿色环保意识的培养，学习环保知识，提高员工的整体环保素质，改善员工的作业环境和生活环境。

③个人

绿色发展离不开个人的努力，学习绿色发展知识，提升绿色发展意识，将绿色发展理念融入日常生活。对于最新的环保政策要积极了解并践行，通过垃圾分类、减少不可降解材料的使用、节约用水用电、购买环保产品、乘坐公共交通、减少碳排放等具体措施，为环境保护贡献个人力量。

（2）完善绿色发展的法律法规以及相关政策

生态文明建设需要践行绿色发展，绿色发展离不开政策和制度的支撑，仅仅依靠社会公众的自觉是无法系统、有效地实现绿色发展的，还是要加强相关法律法规的完善，根据实际情况细化相关制度，从而为绿色发展提供保障。一方面要加强绿色法规的建设，对于危害环境、浪费资源的行为采取合理适当的惩罚措施，从而提升人们的环保意识。随着绿色发展的不断深入，绿色产品行业的准入制度建立也迫在眉睫，应对绿色产品行业进行规范和管理。另一方面要从制度层面鼓励绿色发展，对于自觉践行环保理念、积极研发环保技术的企业要给予适当的优惠政策。

（3）提高绿色发展的意识观念

政府应大力宣传绿色发展意识，使社会公众注重绿色发展，理解绿色发展的深刻内涵和时代意义，倡导社会公众尊重自然、热爱自然，这样才能从根本上构筑绿色价值观，使绿色生活的概念成为全社会的共识。政府可以通过一些娱乐活动向社会大众普及环保知识，使公众认识到资源浪费的危害，明白生态保护是影响自身切实利益的重要举措，树立节约资源的生态意识，让绿色生活习惯深入每个家庭。绿色发展理念的推行也是社会主义文化建设的一个层面，将绿色发展理念与其他文化相融合，通过文化建设影响人们建立绿色发展意识，注重绿色发展理念与国际接轨，注重本国绿色价值观与国外环保理念的融合，从而实现绿色发展的全球化。绿色发展价值体系的构建既要符合社会发展现实，又要适应中国的文化环境，从而营造绿色发展的社会文化氛围，促进人类社会与自然的和谐共进。

第六章 生态文明理论下推动美丽中国建设

　　本章为生态文明理论下推动美丽中国建设，分别为美丽中国建设的内涵与意义、美丽中国建设的体制与制度以及美丽中国建设的全民行动。

第一节　美丽中国建设的内涵与意义

一、美丽中国的内涵

（一）是伟大中国梦的生态基础

改革开放以来的国家经济发展战略极大地释放了我国各类经济主体的生产热情，使国家国内生产总值迅速跃升为世界第二名。国家富强、人民富裕、民族振兴的目标得到初步实现。但是，伴随国民经济的发展和人民物质生活的改善，国家整体实力得到质的提升的同时，国民经济发展所需的良好自然生态资源正在不断枯竭。中华民族伟大复兴的梦想遇到来自自然生态环境的制约。因此，新时代中国审时度势，提出努力建设美丽中国的宏伟目标，以化解建设富强中国的进程中经济发展与环境保护的矛盾，为伟大中国梦的实现奠定生态基础。

（二）是人类社会与自然生态美好的集合体

美丽中国是自然生态的环境之美与人类社会的和谐之美、生态道德的人心之美的集合体。

1. 自然生态的环境之美

美丽一词，在中国文字表达里，蕴含和谐、完美等内涵。美丽中国的自然生态环境之美应体现为人与自然和谐的互动关系之美。

美丽中国首先是环境优美的中国。从一定意义上说，建设美丽中国就是建设生态文明，实现环境优美宜居，而且，环境优美不仅是自然意义上的视觉效果，还应包括生存条件和生存质量的情感体验。说到底，生态文明要求人与自然、人与社会、自然与社会、社会与经济时刻保持和谐共生的生存格局。

人类的生存发展史是人与自然互动的历史。实践作为介质，联结着自然史、人类史的交织并行。在自然的人化、人化的自然进程中，"自然会因为人类不合理的开发利用活动而丑陋，也会因为人类有意识的维护和合理改造而美好"。建设美丽中国，人类的生产生活实践应本着尊重自然、顺应自然、保护自然的生态文明理念，将人类活动限定在自然生态阈值之内，维护自然生态系统的稳态和谐，使社会主义现代化建设实践中人与自然和谐共生，给子孙后代留下天蓝、地绿、水净的美好家园。

2. 人类社会的和谐之美

美丽中国应该是和谐的中国。和谐社会说到底就是指人与自然和谐、人与社会和谐、人与他人和谐、人与自我和谐、经济与社会和谐。其中人与自我和谐是其他和谐的前提与基础，在世界上每个人的最大敌人就是自己、最难战胜的人也是自己，战胜了自己，就是战胜了世界。人是一种悖论性的存在，在人的内心深处自始至终存在着灵与肉、物质与精神、自然与超自然、感性与理性、眼前与长远、局部与全局、个人与集体的矛盾困惑。人如果能够处理好自己面对的这些二律背反问题，就能解决其他所有的问题。

人们不仅生活在自然界中，而且生活在人类社会中。人类社会的和谐幸福直接构成美丽中国的内涵和目标追求。美丽中国应高度重视与人们生活直接相关的教育、医疗、卫生、社会保障等民生建设，高度重视科技、文化的发展，促进城乡、区域协调发展，消除贫困，注重各类社会公平机制的构建，多渠道保障人类社会的和谐之美，促进人民的幸福生活早日实现。人民的美好幸福生活应成为美丽中国之社会美的建设内容，前者是美丽中国社会美的标志。

3. 生态道德的人心之美

美丽中国不仅是人民群众物质生活富裕，还应该是精神生活丰富的中国。作为一个国家，自然美并不是完整意义上的美，人美及其所带动和创造的社会之美、自然之美才是完整意义上的中国之美。当然，人民群众的精神生活之美，主要是指心灵和道德精神之美，一个道德缺失、心灵丑陋的人，外表再美也只能是一种残缺的美，这种残缺的美与建设美丽中国是格格不入的。因此，唯有拥有道德精神之美的人，才能对国家、民族、社会、人民心怀敬意，敢于担当，敢于牺牲，才能真正建设美丽中国。

美丽中国的建设主体是人。建设主体的内心思想、价值理念直接关乎其行为取向。美丽中国应高度重视生态文化、生态道德的培育与创建，多渠道、多形式促进大众生态道德的提升，使整个社会都具备较高水准的生态伦理素养，形成人人、事事都维护人与自然和谐共生的社会氛围，实现人心美的社会风尚。

二、美丽中国建设的内涵

中国特色社会主义进入新时代，习近平总书记指出："走向生态文明新时代，建设美丽中国，是实现中华民族伟大复兴的中国梦的重要内容。"2020 年，我国全面建成小康社会，开启了全面建设社会主义现代化的新征程。建设美丽中国是实现社会主义现代化的重要任务之一。美丽中国建设的基本内涵是坚持人与自然是生命共同体的理念，营造绿水青山的生态环境，打造舒适宜居的生活环境，让人民群众共享自然之美、生命之美、生活之美。

（一）秉承人与自然是生命共同体的理念

人类是自然的一部分，受自然的制约，摆正人类在自然体系中的位置，正确处理人与自然之间的关系，尊重自然，保护自然，顺应自然，按照客观规律办事才能使人们的生活越来越好。习近平总书记也强调了人与自然和谐相处对社会发展具有的重要意义，他指出："人与自然是相互依存、相互联系的整体，对自然界不能只讲索取不讲投入、只讲利用不讲建设。保护生态环境就是保护人类，建设生态文明就是造福人类。"[①] 因此，在社会发展过程中，我们要秉承人与自然和谐共生的理念，构建人与自然生命共同体，努力协调人与自然之间的关系，使二者和谐相处。

（二）构建绿水青山的生态环境

优美环境是建设美丽中国的基础。美好的生态环境可以简要地概括为绿水青山，体现出生态的自然之美。建设美丽中国，构建绿水青山的生态环境可以满足人们对美好生态环境的需要，让人们可以呼吸新鲜的空气，饮用干净的水，吃上安全的食品，为人们构建良好的生态空间。

（三）让人民群众共享生活之美

为了更好地保障人们的生态权益，我们要加大对环境的保护力度，加强对环境污染的治理，改善环境的质量，为人民提供一个美丽、清洁、舒适、宜居的生产生活环境，提高人民的生态幸福指数。习近平总书记指出："良好生态环境是最公平的公共产品，是最普惠的民生福祉。"[②] 因此，解决关乎人民群众生态权益的

---

① 王琤. 辉煌七十年 建功新时代 [M]. 北京：经济日报出版社，2019：113.

② 邱高会. 中国特色社会主义生态文明建设道路研究 [M]. 北京：中国社会科学出版社，2021：213.

自然环境问题是建设美丽中国的价值取向，也体现出了以习近平同志为核心的党中央始终坚持以人民为中心，切实解决人民群众的生态民生问题，为人们构建生态良好的生产生活环境，让广大人民共享生活之美。

三、美丽中国建设的意义

（一）国际层面

当今世界，全球问题日益凸显，已经超越了国家和地区界限，逐步成为社会发展的严重阻碍。寻求新的发展思路，以应对全球问题现已成为世界各国所面临的最紧迫的任务。中国作为世界上最大的发展中国家，积极参与全球治理，在新时代提出和探讨"美丽中国"建设问题，对中国乃至世界都有着重要的理论和实践意义。"美丽中国"概念的提出是负责任大国形象的体现，彰显了作为国际社会重要成员的自觉担当。建设美丽中国为"一带一路"生态合作提供了新的机遇，加强了我国和他国生态合作的深度和广度，表达了党对构建人类命运共同体的关切，体现了中国的国际担当。

（二）国家层面

从国家层面看，建设美丽中国有利于贯彻新发展理念。党的十八届五中全会上，绿色发展理念上升为党和国家的执政理念。党的十九大报告中，习近平总书记强调新发展理念。新发展理念以人民为中心的具体体现，满足了人民群众对美好生活的向往，是新时代我国推进社会主义现代化建设的重要抓手，促进了我国经济平稳健康发展。新时代，国家出台了一系列方针政策。比如，对国土开发空间保护，推进保护自然环境高速发展；国家采取通过对农业和农产品主产区、流域生态区进行补偿和国家生态园建设，对美丽中国建设发挥着引领和促进作用。

（三）社会层面

从社会层面看，建设美丽中国有利于促进社会的和谐，提高企业的社会责任意识，增强企业的可持续发展能力。在建设美丽中国过程中，要在国家政策的引导下，企业肩负起社会责任，将实现经济效益和生态效益相互统一作为发展目标，自发地保护生态环境。建设美丽中国，事关人民福祉。党和国家通过优化使用能源方式保护自然环境，为我国的广大人民群众创造了良好的生态居住环境。新时代建设美丽中国，需要全社会人员共同努力奋斗，在拼搏中推动社会生态文明的总体进步。

（四）个人层面

从个人层面看，建设美丽中国能实现广大人民群众的根本利益，满足人民群众对美好生活的需要。新时代建设美丽中国、营造优美的社会环境是人民群众所向往的美好生活的一部分。新时代，在生态文明宣传教育基础上，人们要自觉形成尊重自然、保护自然环境的良好习惯。比如，自觉选择绿色出行方式；生活中不乱扔垃圾，自觉对垃圾进行分类；在消费环节，形成环保意识，不铺张浪费，节约资源。每一个人在国家建设中都能贡献自己的力量，积少成多，凝聚的将是公民的整体素质，是人文之美、心灵之美。

第二节　美丽中国建设的体制与制度

习近平总书记关于生态文明的系列讲话和《中共中央关于坚持和完善中国特色社会主义制度、推进国家治理体系和治理能力现代化若干重大问题的决定》（以下简称《决定》），是建设美丽中国推进生态文明的体制机制与制度的重大创新和根本保障。我们党把建设美丽中国推进生态文明作为关系人民福祉、关乎民族永续发展的长远大计，作为人类文明发展规律和现代化建设规律认识的深化，这些成为创新建设美丽中国推进生态文明的体制机制与制度的政治基础。

一、建设美丽中国的体制

《决定》强调要紧紧围绕建设美丽中国，深化生态文明体制改革。建设美丽中国推进生态文明的体制改革就是形成人与自然和谐发展现代化建设新格局的体制，而这种新体制是三维的：在空间布局上，把建设美丽中国推进生态文明的体制放在突出位置，把人与自然和谐共生的价值观念纳入宏观决策的全过程，深刻融入经济体制、政治体制、文化体制、社会体制改革的各方面，形成科学布局生产生活生态空间，健全国土空间开发、资源节约利用、生态环境保护的新体制；

在新型四化建设中，把建设美丽中国放在突出位置，深刻融入、全面贯穿至新型工业化、信息化、城镇化和农业现代化建设中，实施创新驱动转变生产生活方式的根本方针，遵循经济社会生态效应相统一的原则，努力发展先进的生态生产力，优化产业结构和经济结构，推进产业转型升级，推动绿色发展、循环发展、低碳发展，形成资源节约型、环境友好型、公众健康型社会的新体制；在时间发展维度上，坚持不懈地建设美丽中国，以对人民群众、对子孙后代高度负责的态度和责任，加大力度，攻坚克难，全面推进维护生态安全、增强生产生态产品的能力、发展完善为人民创造良好生产生活环境的生态文明制度，形成天长蓝、地长绿、水长清、经济长发展、人民长幸福、子孙后代长受益的美丽中国新体制。

（一）贯彻经济体制改革全过程

习近平总书记指出，"要正确处理好经济发展同生态环境保护的关系，牢固树立保护生态环境就是保护生产力、改善生态环境就是发展生产力的理念，更加自觉地推动绿色发展、循环发展、低碳发展，决不以牺牲环境为代价去换取一时的经济增长，决不走先污染后治理的路子"[①]。这一重要思想体现在《决定》的经济体制改革中，要建立"加快转变经济发展方式，加快建设创新型国家，推动经济更有效率、更加公平、更可持续发展"的体制，这是生态文明建设的核心内容。生态文明建设是优化经济结构、实现产业升级、转变经济发展方式、提高核心竞争力的必然要求。只有把传统生产中的高投入（高耗能）—低效益—高排放（高污染）转变为低投入（低耗能）—高效益—低排放（直至零排放），把低产业链低附加值转变为高产业链高附加值，把工业文明的行为管理末端治理转变为生态文明的和谐管理及过程治理，把工业文明的二维技术转变为生态文明的三维技术，把主要依靠自然资源发展经济转变为主要依靠知识资源发展经济，即只有扭住创新驱动、转变生产方式这个生态文明建设的牛鼻子，才能打破制约我国经济继续发展的资源和生态环境的瓶颈，推动经济更有效率、更加公平、更可持续发展。

第一，要求充分发挥市场在资源配置中的决定性作用，发展创新经济（知识经济）、体验经济、生态经济、绿色经济、循环经济、低碳经济以及生态文明消费型经济。创建绿色诚信市场，扩大内需，让生态文明经济系统生产的产品能够

---

① 吴晓明，户晓坤.当代中国马克思主义研究工程 当代中国马克思主义哲学研究[M].上海：上海人民出版社，2021：41.

切实促进公众的安全、健康和幸福，并在市场上确实体现其价值与价格，使企业生产生态文明经济产品能够获得生态效益，又能获得经济效益和社会效益，提高企业创新驱动转变经济发展方式的积极性、主动性和创造性。

第二，要求完善产权保护制度，健全归属清晰、权责明确、保护严格、流转顺畅的现代产权制度，这和"加快生态文明制度建设"中强调的"健全自然资源资产产权制度和用途管制制度"是相互呼应的。

第三，要求国有资本投资运营要服务于国家战略目标，更多地投向关系国家安全、国民经济命脉的重要行业和关键领域，重点提供公共服务、发展重要前瞻性战略性产业、保护生态环境、支持科技进步、保障国家安全，确保四项国家安全战略的有效实施，这是生态文明建设的重要目标和内容。

第四，要求完善税收制度，调整消费税征收范围、环节、税率，把高耗能、高污染产品及部分高档消费品纳入征收范围。加快资源税改革，推动环境保护费改税，这就要求在金融税收方面为加快生态文明建设提供有力的保障。

（二）贯彻政治体制改革全过程

《决定》提出："要紧紧围绕坚持党的领导、人民当家作主、依法治国有机统一深化政治体制改革，加快推进社会主义民主政治制度化、规范化、程序化，发展更加广泛、更加充分、更加健全的人民民主。"[①] 发展社会主义民主，必须以保证人民当家作主为根本。解决环境危机已不仅仅是治理污染、维护生态平衡的纯粹的自然科学问题和技术问题，而是影响经济、制约社会、涉及政治的一个引起各方面高度重视的重大而紧迫的综合化、系统性问题。在这样的政治环境下，要解决环境危机，不仅需要政府的支持，还需要将环境信息公开化，通过民主政治制度，使民众拥有知情权、参与权、表达权和监督权，让民众广泛地参与其中，增强环境保护意识，发挥民主力量，起到监督作用。政治体制改革的一个重要要求，就是提高人民群众的知情权、发言权和参与权，在相当长的一段时间内，生态环境将成为人民群众最关心的问题之一，所以，它会成为人民群众践行社会主义民主的有效途径，包括《决定》要求的扩大公民有序参与立法途径、听证、问责、协商、监督、管理和自我教育自我提高等一系列民主权利，它对于营造民主和谐、

---

① 王建国，邓岩.新时代中国社会主要矛盾的转化与执政党的历史使命 [M].武汉：华中师范大学出版社，2020：107.

生动活泼的政治生态具有重要作用。同时,《决定》在深化行政执法体制改革中,要求加强食品药品、安全生产、环境保护、劳动保障、海域海岛等重点领域基层执法力量,独立进行环境监管和行政执法,都是把生态文明深刻融入、全面贯穿于政治体制改革全过程的具体表现。

(三)贯彻文化体制改革全过程

《决定》指出,要紧紧围绕建设社会主义核心价值体系、社会主义文化强国,深化文化体制改革。在这个过程中,要重视生态文化建设。生态文化是针对我国工业化、城镇化进程中日趋严重和恶化的生态环境提出来的,是时代必然的选择。生态文化是伴随着工业化进程产生的生态危机所激发的全球环保运动发展起来的一种文化形态,具有全球性特征,是"地球村人"的文化基础。生态文化是以自然生态为主,呈现了生态主题,遵循生态规律并以实现自然与人和谐为目标提出的。生态文化不仅是生态文明的重要内容,而且是维护地球生物圈的需要,还能够促进国民素质的提高,使国民增强生态环境意识,承担生态责任,履行生态义务,进一步保护自然和生态。我们需要摒弃工业文化的人类中心主义,强调生态文化以自然—人—社会复合生态系统全面、协调、持续发展,走绿色技术路线,发展生态文化产业,增强国家文化软实力,促进民族复兴。

《决定》提出:"建设社会主义文化强国,增强国家文化软实力,必须坚持社会主义先进文化前进的方向。"生态文化是以和谐协调为本质特征的自然—人—社会复合生态系统的文化形态,是先进文化的重要内容。并且生态文化还具有整体性、多样性、群众性、非宗教性和开放性等特征,发展生态文化是推动先进文化发展的重要力量,是推动构建和谐世界的有效途径,它对于增强我国在国际上的话语权具有重要意义。同时,生态文化产业是全世界的新兴朝阳产业,对于促进经济、政治、社会的发展都具有重要作用。显而易见,发展生态文化是"推进文化体制机制创新"的必然要求,要把发展生态文化的体制机制融入贯穿文化体制改革的全过程。

(四)贯彻社会体制改革全过程

《决定》强调,要"紧紧围绕更好保障和改善民生,促进社会公平正义,深化社会体制改革",并从社会事业角度改革创新,认为要实现发展成果更多更公平惠及全体人民，必须加快社会事业改革，解决好人民最关心最直接最现实的利益问题，努力为社会提供多样性服务，更好满足人民需求。主要从教育、就业创业、收入分配格局和医疗卫生体系等方面改革创新，建立更加公平、可持续的社会保障制度，如基本养老保险制度等，这些都是为改善民生而创。党的十八大指出："要解决好人民最关心最直接最现实的利益问题，在学有所教、劳有所得、病有所医、老有所养、住有所居上持续取得新进展，努力让人民过上更好生活。"所谓"以人为本，本固则国兴，本乱则国危"，民生乃国之根本，社会建设要以保障和改善民生为重点，将民生问题的解决与时代的发展同步。

随着社会经济的发展，人们对于生活的要求不断提高，人们的需求早已不是求温饱，而是上升到求质量的阶段。建设美丽中国、推进生态文明是关系人民福祉的长远大计，凸显出美丽中国与民生的密切联系，能够维护人民的基本生存条件，提高百姓的生活质量，提高人民的幸福感。只有改善民生，提升人民幸福感，才能够促进国家安邦，促进国家永久兴盛不衰。

同时，《决定》中要求的改进社会治理方式、激发社会组织活力、创新有效预防和化解社会矛盾体制、健全公共安全体系等，都能够在生态文明建设中加以践行，生态文明建设的深化会有力地促进社会体制的改革与实践。要把生态文明建设深刻融入、全面贯穿至社会建设的全过程，才能使两者相辅相成，相得益彰。

二、建设美丽中国的制度

（一）生态红线制度

《决定》设计和划定生态保护红线相配套而又切实有效的系列制度，如坚定不移实施主体功能区制度、建立资源环境承载能力监测预警机制、探索编制自然资源资产负债表、对领导干部实行自然资源资产离任审计、建立生态环境损害责任终身追究制、坚决保护限制开发区域和生态脆弱区的生态环境、对限制开发区和生态脆弱的国家扶贫开发工作重点县取消地区生产总值考核等，确保对生态红线不能越雷池一步。

生态红线制度与以往的耕地红线不同，后者只是一个数值，确保的是总量，而生态红线则是在空间上不可替代、不可复制的，是绝不能更改的。所以，《决定》无疑是将生态保护红线推上了另一个高度，这是生态文明建设的重要内容，也是

"五位一体"总体布局下生态保护制度的进一步深化。生态保护红线的制定，需要协调地方经济和生态保护之间的矛盾，处理好长期与短期发展的矛盾，红线一旦划定，就要将制度执行到底。

（二）生态补偿制度

《决定》对于生态补偿制度有新的意蕴和举措：一是坚持市场对于资源优化配置的决定性作用，要求加快自然资源及其产品价格改革，全面反映市场供求、资源稀缺程度、生态环境损害成本和修复效益，这就是充分应用市场这只"看不见的手"实施生态补偿。二是对那些提供不具排他性和竞争性的公共生态产品（如新鲜空气、生态安全屏障）的重点生态功能区，也不能单靠政府来补偿，还要坚持"谁受益，谁补偿"的原则，推动地区间建立横向生态补偿制度等新途径。三是对于企业和区域，要坚持使用资源付费和谁污染环境谁破坏生态谁付费原则，逐步将资源税扩大到占用各种自然生态空间，这是一个极其严格而又有效的新举措。例如，亿利资源集团在库布齐沙漠发展沙产业，不仅在一定程度上起到了防沙固沙的作用，缓解了沙漠沙子满天飞的恶劣环境，但也因此获取了一定的经济利益，那么其应遵循"谁使用资源谁付费"和"谁受益谁补偿"原则，上缴资源税，用于更好地治理沙漠。四是充分利用自然力，稳定和扩大退耕还林、退牧还草范围，有序实现耕地、河湖休养生息，这对于生态系统的自我修复具有重要意义。五是发展环保市场，利用市场机制，推行第三方治理的策略。在贯彻《决定》要求的生态补偿中，有三个方面需要注意：首先，生态补偿不能隔靴抓痒，流于形式，诸如石光银、牛玉琴和白春兰等治沙个体户，他们为了生存而种下的防护林，无意中却成为荒漠中的"绿色屏障"，为沙漠带来了极大的生态效益。他们则可作为受偿者，得到足够的补偿以继续种植防护林，为防沙固沙建设美丽沙漠而努力。其次，要真正分清受益者与非受益者，严格执行"谁使用资源谁付费""谁污染谁付费""谁受益谁补偿"原则，如果不分青红皂白而采取"一刀切"的办法，就必定会走向反面。再次，应当充分实施创新驱动，努力把生态优势转化为经济社会发展的优势，用经济社会发展的优势反哺生态优势，形成良性循环，实现在保护中发展、在发展中保护的新要求，这在许多地方和行业都有成功的例子。如林业系统大力发展林下经济，既提高了森林生态系统的质量和功能，又富了林农，实现林区生态美和百姓富的有机统一，还生产了绿色产品，对于发展外贸、扩大内需、林区城镇化也起到了重要作用。福建永安市正在探索社会志愿者、政府、林农三结合的生态补偿和保护的新路，如利用一个轮伐期 20 年时间，赎买即将砍伐的森林，把它保护下来，提升森林资源的"量"和"质"，促进全市的可持续发展。

（三）休养生息制度

让自然生态系统休养生息，以自我修复为主，符合生态学原理。自然远比人类更会按照自然运行的规律修复，更会形成生态系统的多样性，保持生态系统的稳定性，对于提高生态系统的质量，增强生态系统的功能，提高生态系统的自组织、自调节、抗干扰能力，对生产生态产品等都具有重要作用。所以，《决定》设计的休养生息制度是真正多、好、省的有效制度。对于耕地生态系统、森林生态系统、海洋生态系统、草原生态系统、湿地生态系统（主要是河湖）等，都应当有计划、有步骤地让其休养生息。

（四）税收制度

税收制度是用税收杠杆促进建设美丽中国，所以，需要调整消费税征收范围、环节、税率，把高能耗、高污染产品纳入征收范围；加快资源税改革，将资源税扩展到占用各种自然生态空间，推动环境保护费改税。

第三节　美丽中国建设的全民行动

一、美丽中国建设的全民行动观

全民行动观是生态文明建设的行动基础。美丽中国是人民群众共同参与、共同建设、共同享有的事业，既需要政府自上而下的制度设计，也需要群众自下而上的全民行动，形成人人参与、人人共享的强大合力。

党的十九大报告指出："构建政府为主导、企业为主体、社会组织和公众共同参与的环境治理体系。"生态文明是人民群众共同参与、共同建设、共同享有的事业，要把建设美丽中国转化为全体人民的自觉行动。每个人都是生态环境的保护者、建设者、受益者，没有哪个人是旁观者、局外人、批评家，谁也不能只说不做、置身事外。要增强全民节约意识、环保意识、生态意识，培育生态道德和行为准则，开展全民绿色行动，动员全社会都以实际行动减少能源资源消耗和污染排放，为生态环境保护做出贡献。

全民行动观回答了美丽中国的建设者是谁的问题，为我们指明了行动的准则和方向，也明确了各行为主体的责任。党委政府是主导力量，负责制度的顶层设计、实施、监督和强大的社会动员；企业是责任主体，要主动承担起环境社会责任，把好污染源头，转变生产方式，生产绿色产品，承担好生产者延伸责任；社会组织和公众要积极响应，广泛参与到全民绿色行动中，用绿色理念引领绿色生活。

二、党委政府与美丽中国建设

党委政府在美丽中国建设中发挥主导作用，主要体现在保障、引导和广泛的社会动员方面。

政府要通过完善体制机制、建立健全法律体系、建立环境信息发布机制和公众热线等沟通渠道，保障公众的环境权益，实现公众的知情权和表达权，落实公众的参与权和监督权，从而使公众真正完成从"抱怨旁观"到"建言献策"的重要转变。

通过制定"生活方式绿色化"的政策措施，积极推动引导公众的绿色发展意识，形成绿色生活方式。例如《关于加快推动生活方式绿色化的实施意见》《关于全面深入推进绿色交通发展的意见》《关于进一步加强塑料污染治理的意见》《关于加强快递绿色包装标准化工作的指导意见》等政策的出台，都对推动"生活方式绿色化"起到正确的引导作用。政府率先垂范，打造绿色机关，建立绿色采购制度；向公众传播绿色发展理念，倡导绿色消费绿色生活方式；规范、引导、扶植生产、运输、服务企业，在产业发展中积极采用绿色技术，不断研发绿色产品。

建设天蓝水清地绿的美丽中国是全社会的共同责任，也是一个深刻的社会变革，必须广泛动员全社会力量参与，渗透到社会生活的方方面面。这要求政府发挥好其社会动员作用，构建生态环境保护的共治格局。例如，要把教育的力量动员起来，把生态文明思想和生态环保知识教育纳入国民教育体系和党政领导干部培训体系，以更好地开展生态文明宣传教育，让绿色发展理念深入人心。再比如，积极开展生态文明示范创建工程，开展绿色系列创建（绿色家庭、绿色社区、绿色机关、绿色学校等），发挥"绿色"群体的动员、组织以及示范作用。

另外，政府要善于运用基于市场的政策工具，利用利益驱动机制促进绿色消费。例如，对水电等资源型消费采用阶梯价格调节机制，区域性机动车停车差别化收费标准，对高消耗产品增收消费税，对绿色产品进行优先采购并给予消费补贴等软的措施，实行"禁塑、禁一次性用品"、"谁污染谁买单"以及碳排放交易制度等强制手段，促使公众养成绿色生活方式。

党的十九大报告指出："要着力解决突出环境问题。""强化排污者责任，健全环保信用评价、信息强制性披露、严惩重罚等制度。构建政府为主导、企业为主体、社会组织和公众共同参与的环境治理体系。"美丽中国建设需要的是一个人人有效参与的大环保格局，需要加强公众沟通、做好信息公开，政府、企业、社会组织和公众之间消弭隔阂，建立互信，携手共建现代化的环境治理体系。

三、企业与美丽中国建设

企业在美丽中国建设中肩负主体责任。企业是美丽中国的一线建设者，应主动承担环境治理主体责任，做高质量发展的践行者，积极关注环保产业，做污染防治攻坚战的助推者。

企业的生产不能仅仅以利润最大化为目的，它必须以环境友好、可持续为前提。企业生产者要承担起对环境保护的社会责任，即要求它们不能以损害生态环境获取经济利益。企业环境责任是企业在谋求自身经济利益最大化的同时，运用科学技术手段进行科学生产和经营，以履行保护生态环境、节约自然资源、维护环境公共利益的社会责任。

企业作为社会的主体成员，具有造福社会的道德责任，否则，迟早会失去消费者的信任而被市场淘汰。而企业具有追逐利润的本性，要求其承担环境责任必然要有法律法规的强制约束才能够实现。因此，企业的环境责任体系的建立既要有道德的自愿，又要有法律的强制。

（一）道德层面

在道德层面上，企业需要主动承担生态责任。企业生产过程是对人和自然关系的扰动，因此要认识到保持可持续的生产方式是企业应有的责任担当，要对全人类（包括子孙后代）和大自然负责。

企业的生态责任要求企业在专注利润的同时，也必须主动承担起对环境、社会和利益相关者的责任。其对于环境的主要责任是消耗较少的资源，排放较少的废弃物，致力于可持续发展。生态责任意识应贯穿于企业行为的始终，而非污染之后的善后。

企业要主动担负起生产者延伸责任，不仅关注生产过程中的环境责任，也要关注产品售后的环境责任，积极建立逆向物流回收体系，在实现物质的循环利用的同时保护生态环境。企业要成为绿色发展理念的积极践行者，投入绿色产品设计、选用绿色环保材料、改进生产工艺降低能耗，在采购、包装、运输等环节推行绿色标准，做好废弃产品回收处理，实现产品全周期的绿色环保。

例如，海尔作为一家在全球家电领域影响较大的品牌，一直坚持以"绿色产品、绿色企业、绿色文化"作为企业的经营战略，践行绿色、低碳承诺，将绿色理念渗透到企业发展战略和企业文化中，为全球消费者提供领先的绿色生活解决方案，从设计到产品的制造、销售，再到废旧电器的回收、处理及利用，每个运营环节都坚持绿色低碳理念，实现企业绿色价值，不断推动社会持续、低碳、和谐发展。

（二）法律与制度层面

建立健全完善的企业环境法律法规体系，推行企业环境信息披露制度，加大专业机构、社会公众参与督察力度，层层压实监管责任，推动企业履行其环境社会责任。

让企业承担环境社会责任的目的，就是让企业将其负外部性环境行为成本内化到其经营活动中。通过环境法律法规把企业的环境义务固定，使其把自身的行为限定在准许的范围之内，如果违反法律义务，则会承担相应的法律后果。例如，建立环境信用评估制度，对那些违法企业及其法人，将其列入失信"黑名单"。一旦进入"黑名单"，企业将受到惩戒，其融资、奖优等也将受到限制。

四、环保社会组织与美丽中国建设

环保社会组织作为公众参与环境保护的关键力量，应有效发挥环保社会组织参与美丽中国建设的良好作用。

（一）我国环保社会组织的发展

环保社会组织是提供环境保护服务的社会公益性非政府组织，参与者以民间人士为主。我国的环保社会组织诞生、兴起于 20 世纪 70 年代末，在公众参与环境保护和社会的可持续发展中起到了积极的推动作用，并在国际环境保护领域发挥着中国环保社会组织的影响力。

成立于 1978 年 5 月的中国环境科学学会，是我国最早的环保社会组织。此后，我国环保社会组织不断涌现，辽宁省盘锦市黑嘴鸥保护协会（1991 年）、自然之友（1994 年）、北京地球村（1996 年）等属于成立较早的环保社会组织。它们为环保理念的普及打下了良好的基础。例如，环保社会组织发起的滇金丝猴和藏羚羊保护行动，使人们认识到生物多样性保护的重要性；与政府携手开展的"绿色社区"试点工作，使社区民众接受了环境保护与可持续发展的宣传教育。

我国的环境保护社会组织大概可分为四类：由政府部门发起成立的环境保护组织、在校学生建立环境保护组织、民间自发成立的环境保护组织、国际环境保护组织在中国的分支机构。目前，这四类组织在组织数量、组织管理运行机制等各方面都有了长足的发展。在各类环境保护组织中，参与者以学历层次较高的年轻人为主，有学者、学生、新闻从业人员、律师、医生以及企业家等。这些参与者对环境保护事业充满热情、奉献精神强，具备环保理念和环保知识，并能够影响公众行为和政府决策。

随着环保组织的日益成熟壮大，其关注的环保议题也越来越丰富和广泛，从物种保护、大型工程项目的环境影响评估、"26℃空调"等行动议题，到促进社会公平、可持续发展等国际化政策议题，都呈现了环保组织的影响力。环保组织在环境宣传、倡导绿色生活方式、生物多样性保护、推动公众参与、环保监督、维护公众环境权益、推动可持续发展等方面做出积极贡献，发挥了社会"调节器""稳定器"的重要作用。

（二）环保社会组织的重要作用

环保组织的作用主要体现在以下几点：

1. 开展环保宣传教育活动

环保社会组织通过开展培训讲座、发放宣传资料、多种媒体宣传、组织体验实践活动等，普及环境科学知识，传播环境意识、节约意识，引导公众自觉践行绿色生活方式和绿色消费习惯，形成低碳节约、呵护自然、保护环境的社会新风尚。

2. 促进环保的公众参与

消除公众个体行为有限性，帮助公众获取其关心的环境信息，促进公众参与和监督环境保护的权利得到落实。

3. 推动环保的创新研究

环境保护组织中会聚了一批专业机构、专家学者，在环境保护的理论、法律法规、技术创新等方面开展研究，并积极推动应用于实践。

4. 支持环保重点项目

国内及国际的有关环保组织、环保基金，为重要的环保项目提供资源、设备和技术等方面的支持和资金援助。

5. 助力推广环保产品

通过致力于环境保护的全国及各省（自治区、直辖市）环境服务业商会、环境保护产业协会等推进环境产业市场化、专业化、多元化发展，积极推动企业环境保护产品的研发推广。

6. 参与制定环保公共政策

对政府与企业的环境责任履行情况开展社会监督，主动参与环境决策，为国家环境保护事业和可持续发展积极建言献策。

7. 为环境污染受害者提供公益服务

环境保护组织为污染受害者提供公益性服务和法律救济，维护不同社会群体的环境权益，从而缓和社会矛盾，促进社会稳定。

8. 参与国际环保领域交流

与国际环境保护组织加强在生物多样性保护、气候变化、低碳减排、促进社会公平等方面的交流合作。

9. 开展重大环保项目的评价

积极参与重大环保项目的质量与影响的认证与评价工作，提供环境保护方面的咨询意见。

环境保护组织在生态文明建设中发挥着越来越重要的作用，成为政府、市场与公众之间，国内和国际之间的桥梁和纽带，进一步推动环境保护组织规范有序发展，对于"构建政府为主导、企业为主体、社会组织和公众共同参与的环境治理体系"具有重要意义。

参考文献

[1] 李世雁 . 生态哲学基础理论研究 [M]. 北京：北京师范大学出版社，2022.

[2] 张文博 . 生态文明建设视域下城市绿色转型的路径研究 [M]. 上海：上海社会科学院出版社，2022.

[3] 丁卫华 . 中国生态文明建设的理论与实践 [M]. 南京：江苏人民出版社，2021.

[4] 王学荣 . 生态文明的"文明"之维 [M]. 南京：南京大学出版社，2019.

[5] 杨瑞，鲁长安 . 生态文明建设新篇章 [M]. 北京：中国人民大学出版社，2019.

[6] 栾贵波 . 建设美丽中国 [M]. 北京：北京时代华文书局，2017.

[7] 张云飞，李娜 . 开创社会主义生态文明新时代 [M]. 北京：中国人民大学出版社，2017.

[8] 赵建军 . 我国生态文明建设的理论创新与实践探索 [M]. 宁波：宁波出版社，2017.

[9] 张雪 . 我国社会主义生态文明建设研究 [M]. 成都：四川大学出版社，2015.

[10] 洪大用，马国栋 . 生态现代化与文明转型 [M]. 北京：中国人民大学出版社，2014.

[11] 谢文娟 . 论新时代推进生态文明建设的实践指向 [J]. 华北水利水电大学学报（社会科学版），2023，39（5）：93-99.

[12] 王雨辰，张佳 . 论我国生态文明理论体系的建构及其价值归宿 [J]. 马克思主义与现实，2023（5）：32-40，201.

[13] 陈学明 . 中国取得生态文明建设伟大成就的原因及其意义 [J]. 城市与环境研究，2023（3）：3-13.

[14] 胡孔发 . 生态环境问题与生态文明建设研究 [J]. 绥化学院学报，2023，43（9）：18-20.

[15] 赵倩 . 环保理念下设计的可持续发展研究 [J]. 设计，2023，36（16）：97-99.

[16] 邱利平，刘冬梅，张虹浜．浅谈对生态文明建设与美丽中国建设的关系认识 [J]．环境教育，2023（8）：36–39.

[17] 王雨辰．论社会主义生态文明观的价值取向与特质 [J]．湖北社会科学，2021（7）：5–10.

[18] 王雨辰．略论社会主义生态文明观及其当代价值 [J]．理论与评论，2021（3）：5–16.

[19] 张子玉，李院芳．习近平生态文明思想的理论渊源与实践价值 [J]．浙江工业大学学报（社会科学版），2021，20（1）：19–25.

[20] 张思渝．中国式现代化的生态理论价值及实践启示 [J]．世纪桥，2023（4）：94–96.

[21] 舒琪．绿色税收助力我国绿色发展的影响研究 [D]．蚌埠：安徽财经大学，2023.

[22] 何昕枢．习近平生态文明思想及其实践路径研究 [D]．赣州：赣南师范大学，2023.

[23] 管诗棋．新时代大学生生态文明教育理论与实践研究 [D]．郑州：河南工业大学，2022.

[24] 李丽利．新时代"美丽中国"建设研究 [D]．南昌：江西师范大学，2021.

[25] 黄金凤．习近平美丽中国重要命题形成的实践基础 [D]．桂林：广西师范大学，2021.

[26] 彭蕾．习近平生态文明思想理论与实践研究 [D]．西安：西安理工大学，2020.

[27] 王茹．新时代生态文明理论与实践研究 [D]．昆明：昆明理工大学，2020.

[28] 孙蕾．中国特色社会主义生态文明建设理论研究 [D]．青岛：中国石油大学（华东），2019.

[29] 王璐旋．习近平生态文明建设理论研究 [D]．西安：西安工程大学，2019.

[30] 吴永晶．习近平生态文明思想的理论溯源及价值研究 [D]．银川：宁夏大学，2019.